CHARLY TILL UND JANOSCH ENGLER

HUNDEFUTTER AUS DEM THERMOMIX®

DIE BESTEN REZEPTE FÜR GESUNDE VIERBEINER

TM5 & TM31

Tragen Sie sich jetzt unter **www.thermomix-fans.de** für unseren Newsletter ein und erhalten Sie zu neuen Veröffentlichungen Leseproben und kostenlose Rezepte!

riva

Bibliografische Information der Deutschen Nationalbibliothek
Die Deutsche Nationalbibliothek verzeichnet diese Publikation in der Deutschen Nationalbibliografie. Detaillierte bibliografische Daten sind im Internet über https://dnb.de abrufbar.

Für Fragen und Anregungen:
info@m-vg.de

Wichtige Hinweise
Ausschließlich zum Zweck der besseren Lesbarkeit wurde auf eine genderspezifische Schreibweise sowie eine Mehrfachbezeichnung verzichtet. Alle personenbezogenen Bezeichnungen sind somit geschlechtsneutral zu verstehen.

Sämtliche Inhalte dieses Buches wurden – auf Basis von Quellen, die die Autoren und der Verlag für vertrauenswürdig erachten – nach bestem Wissen und Gewissen recherchiert und sorgfältig geprüft. Der Verlag und die Autoren haften für keine nachteiligen Auswirkungen, die in einem direkten oder indirekten Zusammenhang mit den Informationen stehen, die in diesem Buch enthalten sind. Thermomix® ist ein eingetragenes Warenzeichen der Vorwerk & Co. KG. Diese Publikation ist kein offizielles Lizenzprodukt der Vorwerk & Co. KG.

Originalausgabe
7. Auflage 2025

Türkenstraße 89
80799 München
Tel.: 089 651285-0

Redaktion: Caroline Kazianka
Umschlaggestaltung: Laura Osswald
Umschlagabbildungen: Vorderseite: Jodie Johnson/Shutterstock.com, RoJo Images/Shutterstock.com, Richard Chaff/Shutterstock.com; Rückseite: Charly Till
Satz: inpunkt[w]o, Haiger (www.inpunktwo.de)
Druck: Florjancic Tisk d.o.o., Slowenien
Printed in the EU

Wir produzieren nachhaltig
www.m-vg.de

ISBN Print 978-3-7423-0164-2
ISBN E-Book (EPUB, Mobi) 978-3-95971-613-0

Weitere Informationen zum Verlag finden Sie unter
www.rivaverlag.de
Beachten Sie auch unsere weiteren Verlage unter www.m-vg.de

INHALT

Vorwort

Was Sie von diesem Buch erwarten können? Fundierte Grundinformationen über Hundeernährung, leckere hundetaugliche Rezepte für die tägliche Fütterung, feine Leckerlis für Belohnung und Training, selbst gemachte Nahrungsergänzungen (Booster) für diverse Gelegenheiten oder Gesundheitsprobleme und weitere Fütterungstipps rund um das Hundeleben. Unser Hauptaugenmerk liegt hierbei auf den Rezepten. Von Beschreibungen der canidischen Verdauungsorgane oder einer labortechnischen Auflistung aller Zutaten haben wir abgesehen. Wer dies möchte, sollte sich Zusatzinformationen zum Beispiel von einem Tierarzt oder über das Internet holen.

Wir beide, Charly und Janosch, sind bereits seit vielen Jahren Hundebesitzer und öffnen regelmäßig deren Dosen bzw. Döschen. Jahrelang glaubten wir den Versprechungen der Futtermittelindustrie.

Doch im Laufe der Jahre sind auch bei unseren Tieren trotz Fütterung angeblicher Premiumnahrung diverse Erkrankungen aufgetreten wie Arthrose, Altersherz, Hautallergien, Übergewicht etc., die sogar zum Tod führen können (und es auch in mehreren Fällen taten).

Wir können natürlich nicht mit Bestimmtheit behaupten, dass diese Krankheiten durch selbst zubereitetes frisches Futter hätten vermieden werden können. Aber wir sind überzeugt, dass sie zumindest weniger schwer verlaufen wären.

Die Umstellung auf unser frisch gekochtes Futter hat sich gezeigt in feinem, glänzendem Fell, einem guten Allgemeinzustand, fitten und fröhlichen Tieren, die selten krank wurden (und wenn, dann nur kurz). Die Abwehr gegen Krankheiten scheint also besser zu funktionieren und Allergien haben unsere Hunde bislang auch keine.

Dafür muss man sich allerdings etwas Zeit nehmen, sich mit dem Thema auseinandersetzen, dann einkaufen und die Nahrung zubereiten. Doch wer seinen Hund liebt, will sicher auch nur das Beste für ihn, oder? Ganz besonders, wenn man ihm etwas Gutes tun und gleichzeitig sogar noch Geld sparen kann (im Vergleich zu Premiumfutter in ähnlicher Zusammensetzung). Ganz besonders profitieren Allergikerhunde, übergewichtige Hunde und kränkelnde Hunde von unserem neuen Hobby.

Einige Rezepte sind übrigens so gut, dass Sie sogar mit Ihrem Hund mitessen könnten! Denn wir verwenden nur Produkte in Lebensmittelqualität, wie es neuerdings von einigen Herstellern propagiert wird. Salz und Gewürze müssten Sie dann allerdings für Ihre eigene Portion später zufügen.

Im Thermomix® macht das Kochen für den Hund richtig Spaß! Ob gleich eingekocht im Gläschen oder in großer Menge im Varoma zubereitet (für den großen Hunger), dieses Futter schmeckt den Hunden so gut, dass sie sich zu herkömmlichem Futter (zum Beispiel im Urlaub) nur noch unter Mühen überreden lassen. Und der Aufwand ist wirklich überschaubar!

Kein Zweifel, Ihr Hund wird sein neues, von Frauchen/Herrchen zubereitetes Futter lieben! Weil Liebe eben doch durch den Magen geht ...

Charly Till und Janosch Engler

Tipps für den Umgang mit dem Thermomix®

Allererstes Gebot: Mixtopf und Deckel nach der Benutzung sofort auswaschen!

1. Wird rohes Fleisch bzw. rohe Leber im Mixtopf verarbeitet und anschließend nicht darin gekocht, Mixtopf bitte unbedingt der Hygiene zuliebe sofort mit kochendem Wasser (und etwas Spülmittel) ausspülen oder 1000 g Wasser darin **15 Min./100 °C/Stufe 3/mit MB** kochen und anschließend ausspülen.
2. Die eingebaute Waage ist nicht immer ganz genau. Wenn die exakte Menge besonders wichtig ist (zum Beispiel zum Abwiegen von Futterergänzungsmitteln) oder es um Mengen unter 5 g geht, empfehlen wir eine externe Digitalwaage.
3. Klebrige Teigreste (Leberspätzle, Hundekekse) oder fettige Speisereste entfernt man am einfachsten, indem man erst die Reste **10 Sek./Stufe 10/mit MB** herausschleudert. Wenn das noch nicht reicht, wiegt man 1000 g Wasser ein und mixt **30 Sek./Stufe 10/mit MB**. Dann 4 Tropfen Spülmittel sowie 1 l Wasser in den Mixtopf füllen und diesen **4 Min./60 °C/Stufe 5–6** rühren lassen. Wenn Schaum hochsteigt, auf **Stufe 2** reduzieren. Meistens ist der Mixtopf dann auch schon sauber und muss nur nachgespült und getrocknet werden.
4. Kochzeiten können ebenso wie Rührzeiten variieren: Da wir mit Naturprodukten arbeiten, weisen diese zum Beispiel einen unterschiedlichen Wasser-, Zucker oder Stärkegehalt auf. So kann es durchaus vorkommen, dass Gerichte entweder ein wenig kürzer oder auch länger gekocht/gerührt werden müssen, besonders bei Fleisch und Fisch auch abhängig von der Größe der Stücke.
5. Den Messbecher immer in Reichweite legen, die Anschaffung eines zweiten ist nicht teuer und lohnt sich!
6. Unliebsame Gerüche entfernen: Besonders der Geruch von Leber und Fisch ist recht hartnäckig. Um ihn zu beseitigen, gibt man einen kräftigen Schuss Essigessenz mit 3 Tropfen Spülmittel und 700 g Wasser in den Mixtopf und lässt ihn **10 Min./80 °C/Stufe 4/mit MB** laufen. Dann gründlich ausspülen. Eine gute Trockenmethode: ⅓ Tasse Kaffeebohnen in den Mixtopf geben und **1 Min./Stufe 10/mit MB** mahlen.

Verwendete Abkürzungen

In den angegebenen Rezepten werden folgende Kürzel und Begriffe verwendet:

TM	Thermomix® (gemeint ist dabei der Mixtopf)
MB	Messbecher (durchsichtiger Innendeckel zum Abdecken und Abmessen) Inhalt 1 MB = 100 ml, ½ MB = 50 ml (gekennzeichnet mit einem Rand)
Mixtopf	Koch- und Mixbehälter des Thermomix®
Mixbecher	= Mixtopf
Stufe	Rührstufe (Drehgeschwindigkeit)
Linkslauf	Schalter zum Umstellen von Zerkleinern (Mixen, Pürieren) auf Vermischen (Aufschlagen, Verrühren)
Spateln	Die Verwendung eines Küchenspatels, mit dem Zerkleinertes im Mixtopf nach unten geschoben wird, der Einfachheit halber als »Spateln« bezeichnet

Was ist die »richtige« Ernährung für meinen Hund?

Aus unserer Sicht betrachtet, ist es die richtige Ernährung, wenn die Tiere das Futter gerne fressen, gesund, fit und optimal in Form, also nicht zu dünn und nicht zu dick sind. Das ist erst einmal die Theorie.

Sicherlich gibt es unzählige Sorten Hundefertigfutter zu kaufen, ob nass in Dosen oder getrocknet als Pellets. Jedoch gerade für Hunde mit Stoffwechselkrankheiten wie Nierenproblemen, Leberschäden, Diabetes oder Allergien ist die Ernährung mit Fertigprodukten oft schwierig. Junge Hunde, die noch im Wachstum sind, benötigen besonders hochwertiges Futter, ebenso wie trächtige oder säugende Hündinnen. Die Hundesenioren (und manche Hunderassen wie Dalmatiner) wiederum sollten purin- und eiweißreduziert ernährt werden.

Ein großer Nachteil der fertig gekauften Hundenahrung ist, dass sie grundsätzlich für möglichst viele Hunde geeignet sein soll, es sollen schließlich viele Dosen verkauft werden, was wirtschaftlich betrachtet nachvollziehbar ist. Für den eigenen Hund bedeutet das jedoch, dass auf seine individuellen Bedürfnisse nicht eingegangen wird/werden kann. Mithilfe von Zusatznahrung bzw. Nahrungsergänzungsmitteln oder gar Medikamenten wird diese Nahrung dann an ihn angepasst, meistens allerdings erst, wenn es bereits zu gesundheitlichen Problemen gekommen ist. Wieso aber nicht gleich so ernähren, dass dies – im besten Falle – vermieden wird oder zumindest die Gefahr verringert wird?

Trocken- bzw. Fertigfutter soll hier nicht grundsätzlich »madig« gemacht werden, gerade im Urlaub kann es durchaus eine Alternative darstellen. Doch davon abgesehen, dass es bei vielen Tieren Verdauungsprobleme (vor allem Verstopfung) hervorruft, enthalten viele Sorten einen zu hohen Getreideanteil und sogar Futtermittelmilben (Trockenfutter), die wiederum Allergien hervorrufen können.

Welche Inhaltsstoffe genau in fertig gekauftem Futter enthalten sind, egal ob nass oder trocken, erschließt sich dem Laien nicht wirklich. Welche Zusatzstoffe sind überhaupt deklarierungspflichtig? Welche Qualität wird dafür verwendet? Werden Konservierungsmittel oder Geschmacksverstärker eingesetzt? Sind die zugesetzten Vitamine natürlichen Ursprungs oder im Chemielabor entstanden? Wird Zucker zugefügt? Alle diese Fragen werden nur äußerst selten beantwortet. Schöne Beschreibungen und attraktive Bilder können sogar über relativ wertlosen Inhalt hinwegtäuschen und gutes Marketing zum Kauf verlocken. Angaben wie Trockenmasse, Rohfett, Rohasche, Rohprotein und NfE sind für den Laien nicht wirklich aussagekräftig und sogar diese Werte sind abhängig vom verwendeten Analyseverfahren.

Wie gut ein Futter wirklich ist, merkt man eigentlich erst an den Auswirkungen auf den Hund (Fell, Appetit, Stuhlgang) bei längerem Gebrauch. Ganz besonders wenn man einmal eine Zeitlang selbst das Futter zubereitet und die Veränderungen an ihm beobachtet. Hochwertiges Futter erkennt man auch an dem gut geformten (plastilinähnlichen) Kot, der zweimal täglich abgesetzt wird.

Keine oder nur sehr wenig Zeit? Im Grunde nicht wirklich eine Ausrede, denn die meisten unserer Futterrezepte sind im Thermomix® im Handumdrehen zubereitet. Dennoch, sogar eine gelegentliche Ergänzung oder Abwechslung zu Fertigfutter durch Selbstgekochtes/Selbstzubereitetes wirkt sich bereits positiv auf Ihren Liebling aus! Vorlieben, besondere Anforderungen an seine Mahlzeit hinsichtlich Allergien und Gesundheit, altersspezifische sowie größenrelevante Faktoren und nicht zuletzt Verträglichkeit können berücksichtigt werden. Und damit die Selbstvariante auch gut klappt, haben wir im nächsten Kapitel gesammelt (und in den Rezepten auch berücksichtigt), was man bei der Zusammenstellung der Nahrung für seinen Hund berücksichtigen sollte.

Ernährungstrends

Nicht nur für den Menschen werden immer wieder neue Formen der Ernährung erfunden. War es vor einigen Jahren der Vegetarismus, so kommt heute in vielen Haushalten nur noch Veganes auf den Teller, andere kochen kohlenhydratfrei (Low-Carb) oder nach Steinzeitmanier (Paleo).

Ähnliche Trends lassen sich auch in der Tierernährung, besonders bei den Hunden, beobachten, denn wer von seiner Ernährung überzeugt ist, möchte dies ebenfalls für seine Familie, zu der auch der Hund gehört, tun. Wir wollen hier keine Empfehlung abgeben, sondern versuchen, möglichst wertfreie Informationen zu diesen oft heiß diskutierten Themen zu geben. Füttern Sie Ihren Hund nach Ihren eigenen Erfahrungen, wichtig ist doch vor allem, dass es ihm guttut und er gesund ist/bleibt/wird!

Vegetarische Hundefütterung

Wer sich selbst erfolgreich fleischlos ernährt oder sich vor Fleisch stark ekelt, möchte oft auch für seinen Hund eine vegetarische Ernährung versuchen. Deshalb haben wir hier einige vegetarische Rezepte gesammelt.

Doch zu bedenken ist dabei, dass sich in der Natur weder Wolf noch Wildhund völlig ohne Fleisch oder Fisch ernährt, insofern entspricht dies nicht einer artgerechten Nahrung. Deshalb ist besonders auf ausreichende Eiweißzufuhr zu achten, denn die sonst üblichen Proteinlieferanten fallen ja weg. Zu diesem Thema gibt es bereits zahlreiche Studien und Doktorarbeiten, manche befürworten die vegetarische Hundefütterung, manche sind strikt dagegen. Essenzielle Aminosäuren pflanzlicher Herkunft haben ein anderes Wirkspektrum als tierische, sollen für Hunde also minderwertiger als tierische sein, deshalb raten viele Tierärzte davon ab.

Gelegentliche vegetarische Mahlzeiten sind in der Regel für einen gesunden Hund kein Problem. Will man die Ernährung seines Hundes aber komplett auf Pflanzenkost umstellen, sollte man sich gründlich damit auseinandersetzen, um Nährstoffdefizite und Mangelerscheinungen (besonders beim Hund im Wachstum oder bei unterernährten Tieren) zu vermeiden. Für Welpen und trächtige bzw. säugende Hündinnen empfiehlt sich dennoch die »normale« Mischkost mit tierischer Ernährung, zumindest vorübergehend.

Rohfütterung (BARF)

Hier orientiert man sich an der Ernährung von Wölfen in der Natur, den Vorfahren unserer Haushunde. Es werden nur rohes Fleisch, rohe Knochen und ein geringer Anteil Gemüse sowie Getreide gefüttert. Wenig berücksichtigt wird dabei allerdings die Weiterentwicklung, denn seit Jahrtausenden halten Menschen sich Hunde als Haustiere (Wachhund, Schutzhund, Jagdhund), die dann etwa im 18. Jahrhundert ihren Einzug in die Wohnzimmer gehalten haben. Und dort wurde ihre Ernährung auch langsam an den Menschen angepasst, sodass Hunde immer öfter gekochte Speisereste erhielten. Einige Studien widersprechen dem und besagen, das Verdauungssystem des heutigen Haushundes hätte sich nur minimal verändert und entspräche nach wie vor ziemlich dem eines Wolfes.

Das »Barfen« findet immer mehr Anhänger, die darauf schwören, dass ihre Hunde gesünder und fitter werden und sogenannte Zivilisationskrankheiten, wie sie vor allem der Mensch kennt, dadurch weitestgehend vermieden würden.

Daher möchten wir auch hierfür einige Rezepte vorstellen, bei denen eben nur zerkleinert und gemischt, aber nicht gekocht wird. Auf Vorrat lässt sich eine BARF-Mahlzeit jedoch nicht herstellen, Reste der Mahlzeit müssen nach spätestens 24 Stunden verfüttert werden.

Clean Feeding: Clean Eating für den Hund

Auch wenn für die bereits genannten Fütterungstrends einige Rezepte vorgestellt werden, liegt das Hauptaugenmerk in diesem Buch doch auf einer selbst zubereiteten, schonend gegarten Kost mit hohem Fleischanteil, Gemüse und niedrigem Getreideanteil, also einer Mischkost.

Viele Menschen interessieren sich zunehmend für eine gesunde Ernährung ausschließlich aus frischen Zutaten, ohne Fertigprodukte wie Brühpulver, Saucen und ohne Fastfood oder Fertiggerichte. Nun sehen Sie sich bitte einmal unsere Rezepte an … Genau dies wird hier berücksichtigt. Tiefgekühltes Fleisch oder Fisch werden jedoch verwendet, wenn sie unbearbeitet sind (zum Beispiel aus der TK-Box beim Fachhändler, schont den Geldbeutel, vor allem beim Futterbedarf von großen Hunderassen).

Fazit: Kochen Sie ab heute clean, wenn Sie wollen – für sich selbst, vor allem aber für Ihren Hund!

Futterumstellung

Die Umstellung auf frisch gekochtes, rohes oder vegetarisches Futter sollte man nicht auf einmal vornehmen. Am besten wird sie vertragen, wenn man die Nahrung langsam verändert. Besonders bei Hunden, die jahrelang mit demselben Trockenfutter gefüttert wurden, werden die Verdauungsorgane durch eine plötzliche Umstellung auf frische Kost überfordert. Das bedeutet also, dass erst eine kleine Menge (etwa ¼) durch die neue Nahrung ersetzt wird. Wird dies gut vertragen, kann nach ein paar Tagen 50, später 75 und schließlich 100 Prozent neues Futter angeboten werden. Je nach Verdauungstyp kann diese Phase kürzer (guter Verdauer) oder länger (schlechter Verdauer, empfindlicher Magen) dauern. Rechnen Sie aber mit mindestens ein bis zwei Wochen. Wechseln Sie während dieser Phase das Futter nicht ab, sondern bleiben bei den beiden Sorten!

Beobachten Sie Ihren Hund beim Fressen und vor allem beim Kotabsatz. Stellt sich Durchfall oder Erbrechen ein, verlangsamen Sie die Umstellung. Dauert die Phase doch noch länger oder ist Ihr Hund bekanntermaßen besonders empfindlich, besprechen Sie Ihr Vorgehen am besten bereits vorab mit Ihrem Tierarzt oder Tierheilpraktiker. Dies gilt vor allem für die vegetarische und die Rohfütterung, die Umstellung auf die selbst zubereitete Mischkost geht zumeist recht unproblematisch vonstatten. Nur bei Fischfütterung sollte man es etwas langsam angehen lassen, wenn Ihr Hund eine sensible Verdauung hat.

Geeignete Lebensmittel für die Hundefütterung

Proteinquellen

Fleisch

Für die Hundeernährung die erste Wahl (sofern man nicht vegetarisch füttert) ist Fleisch. Dies macht auch den größten Anteil an der Futterration aus, nämlich zwischen 60 und 70 Prozent. Fleisch enthält vor allem Eiweiße (Proteine), Fett (ungesättigte Fettsäuren), Mineralstoffe, Vitamine, Wasser (in magerem mehr als in fettem Fleisch), Kollagen, Elastin, Cholesterin, energiereiche Verbindungen, Nukleinsäuren, Purin und wenig Kohlenhydrate.

Zu den Fleischteilen gehören auch Innereien (Herz, Leber, Nieren, Zunge, Magen, Kutteln, Lunge, Kalbsbries, Euter, Hirn, im weiteren Sinn sogar Blut und Knochenmark) sowie sogenannte tierische Nebenprodukte (Schlund, Pansen, in der Industrie auch Füße, Krallen, Hälse, Köpfe).

Innereien sollten nicht mehr als 15 bis 20 Prozent der Fleischmenge ausmachen. Sie sind zwar reich an Vitaminen und Nährstoffen, weisen jedoch auch mehr als doppelt so viel schädliches Cholesterin sowie Purin wie Muskelfleisch auf.

Zu beachten ist, dass Innereien, die der Entgiftung dienen, wie Leber, Nieren und Milz, oft belastet sind mit Schad- und Giftstoffen und grundsätzlich nur Hunden gegeben werden sollen, die rundum gesund sind. Außerdem nicht öfter als ein- bis zweimal pro Woche. In einigen Ländern wie auch den Vereinigten Staaten gilt der (menschliche) Verzehr von Innereien als ziemliches No-Go, so groß ist der Ekel davor. Bei unseren Kochversuchen haben wir auch mit Innereien wie Lunge und Pansen gearbeitet. Wir lassen diese in den hier angeführten Rezepten dennoch aus, da wir nicht davon überzeugt waren. Außerdem riecht das Ganze doch sehr unangenehm für die menschliche Nase.

Dies gilt genauso für Pansen (grün oder geputzt). Als Alleinfutter ist dieser sowieso nicht geeignet. Wer mag, kann ihn jedoch auch kleingeschnitten roh zufüttern – oder man besorgt sich im Tierfutterbedarf getrockneten Pansen und gibt ihn seinem Hund als Kausnack. Der Geruch, der beim Kochen von Pansen entsteht, ist ziemlich unerträglich. Und bereits das Schneiden von rohem Pansen oder Kutteln ist eine Herausforderung ...

Welches Fleisch ist geeignet?

Sie können Ihrem Hund Rind, Kalb, Geflügel (nur durchgegart) wie Pute, Huhn, Ente, Wildfleisch von Reh und Hirsch, Kaninchen oder Hase, Lamm, Schaf, Strauß, Känguru, Ziege oder Pferd sowie mageres Schweinefleisch (nur durchgegart), auch vom Wildschwein (nur durchgegart) geben. Manche dieser Fleischsorten werden wohl bereits wegen ihres hohen Preises nicht auf die Einkaufsliste kommen. Man sollte jedoch, hinsichtlich der heutigen Gefahr, auch in höherem Hundealter noch an einer Nahrungsallergie zu erkranken, sich immer ein oder zwei der erschwinglicheren Fleischsorten »aufsparen«, also von vorneherein nicht auf den Speiseplan setzen. Sollte dann nämlich eine Allergie ausgelöst werden, hat man die Möglichkeit, auf dieses Fleisch umzusteigen oder zumindest eine erfolgversprechende Ausschlussdiät durchzuführen.

Wie viele Inhaltsstoffe wie Proteine und Fett genau in einem Stück Fleisch enthalten sind, richtet sich nicht nur nach der Tierart, sondern auch nach dem Teil (Filet, Bauch, Brust etc.). Die Haltung macht ebenfalls einen Unterschied. Doch die wenigsten werden sich das beste Fleisch vom Biobauern für ihren Hund leisten können. Fragen Sie in einer Landschlachterei nach der Herkunft und Aufzucht der Tiere, dort bekommt man auch oftmals Produkte von Tieren aus guter Haltung, ohne den hohen Preis der Bioware zahlen zu müssen. Ansonsten kommt es eben aus dem Supermarkt oder vom Discounter, immer noch viel besser als die meisten Fertigfutter ... Bei den hier angegebenen Rezepten haben wir darauf geachtet, Fleisch oder Fisch in gängigen Supermarktmengen (zum Beispiel 400 g, 500 g) anzugeben, damit möglichst wenig Reste übrig bleiben, die nicht mehr benötigt werden.

Huhn, Rind und Kalb sind meist das Standardfleisch für die Hundefütterung. Vom Schwein eignet sich eher mageres Schinkenfleisch oder Filet, unbedingt gekocht, denn roh kann es, ebenso wie Wildschweinfleisch, das sogenannte Aujeszky-Virus übertragen, der zu tödlichen Nerven- und Hirnentzündungen (Pseudowut) führt. Ab etwa 60 °C (auch im Kern!) wird der Erreger abgetötet.

Schaf, Kaninchen und Lamm sind besonders für die Ernährung von Allergikern gut verträgliche Proteinlieferanten.

Huhn und Pute sind (außer die Geflügelhaut) sehr fettarm und werden von den meisten Hunden gerne gefressen. Gans und Ente werden ebenfalls geliebt, sind aber relativ fett und auch teurer.

Wie hoch soll der Fleischanteil in der Hundenahrung sein?

Bei einem gesunden erwachsenen Tier sollten regelmäßig zwischen 60 und 70 Prozent Muskelfleisch im Napf liegen. Es darf ruhig etwas fetter sein und mit Sehnen und Knorpeln daran, sofern das gut vertragen wird. Für die Zufütterung von Leber (gilt auch für Hühnermagen oder Hühnerherzen) in kleinen Mengen, wie man sie für kleinere Hund benötigt, haben wir unser Rezept »Leberpastete« (Seite 40) erfunden. Einfach einen gefrorenen und wieder aufgetauten Würfel davon ein- bis zweimal pro Woche unter das Futter mischen.

Dazu sollten etwa ein- bis zweimal pro Woche ein (roher) Knochen sowie ein- bis zweimal wöchentlich Innereien wie oben beschrieben gefüttert werden.

Achtung!

Bei der Verarbeitung von rohem Fleisch und auch Fisch achten Sie bitte unbedingt auf Hygiene: auf sauberen Kunststoffbrettchen schneiden, diese mit mindestens 75 °C heißem Wasser gründlich spülen, keine Rohkost darauf schneiden. Messer nach Gebrauch desinfizieren bzw. ebenfalls sehr heiß spülen. Gründliches Händewaschen anschließend ist ein Muss! Verarbeiten Sie eingekauftes Fleisch möglichst schnell und kaufen Sie am besten ganze Fleischstücke statt Geschnetzeltes oder geschnittenes Gulasch ein. Hackfleisch unbedingt am selben Tag verwenden! Die Angriffsfläche von zerkleinertem Fleisch ist vielfach vergrößert, dadurch können sich Bakterien dort besser festsetzen und vermehren. Eine möglichst kurze Lagerzeit im Kühlschrank bei maximal 6 °C reicht in der Regel aus, um dies zu vermeiden. Erreger werden durch Erhitzung bzw. das Durchgaren von Fleisch und Fisch vernichtet, was bei der Rohfütterung entfällt. Hier muss man daher besonders penibel hinsichtlich Hygiene und Aufbewahrung sein!

Rohes Fleisch und frischer Fisch können folgende Infektionserreger übertragen: Salmonellen, Campylobacter, multiresistente ESBL-Bakterien, Listerien, Staphylokokken, Toxoplasmen, Clostridien, Kolibakterien oder Yersinien. Sie alle können ernsthafte Krankheiten bei Tier und Mensch auslösen!

Fisch

Fisch mögen viele Hunde sehr gerne. Fisch enthält ein sehr hochwertiges Eiweiß, außerdem viel Vitamin D und hochwertige ungesättigte Fettsäuren, Seefisch auch lebenswichtiges Jod. Er ist leicht verdaulich und meistens fettarm. Gerade ältere, nahrungsempfindliche sowie zu Übergewicht neigende Hunde vertragen Fisch übrigens sehr gut. Ein- bis zweimal die Woche wäre hierzu unsere Fütterungsempfehlung.

Grundsätzlich kann Fisch roh gefüttert werden, doch weil die Gefahr von Befall mit dem Fischbandwurm besteht, wird er meistens schonend gegart gegeben. In Fertigfutter oft verwendetes Fischmehl ist übrigens wesentlich weniger hochwertig, da bei dessen Herstellung zumeist ebendiese ungesättigten Fettsäuren und Öle sowie das Vitamin D entzogen werden. Süßwasserfische sollten besser gekocht werden, sie enthalten das Enzym Thiaminase, welches (zumindest bei dauerhafter Gabe) das Vitamin B1 zerstört, was zu Mangelerscheinungen führen kann.

Für Fisch empfehlen wir also ein schonendes Kochen, zum Beispiel Dampfgaren im Varoma.

Geeignete Fischsorten sind Dorsch, Lachs (am besten magerer Wildlachs), Forelle, Sardelle, Rotbarsch, Seelachs, Barsch, Kabeljau, Scholle, Rotbarbe, Heilbutt, Thunfisch, Brasse und sogar Shrimps. Geräucherte Fische sind für die Hundeernährung ungeeignet!

Wer einen sehr magenempfindlichen Hund hat, sollte ihn langsam an seine zukünftig regelmäßige Fischmahlzeit gewöhnen, also vielleicht erst einmal nur eine halbe Portion füttern bzw. mit dem gewohnten Futter vermischt geben.

Eier

Auch Eier (Hühnereier) sind eine hochwertige Proteinquelle, im Eigelb sind viele fettlösliche Vitamine enthalten. Rohes Eiweiß vertragen Hunde allerdings nicht! Kaufen Sie am besten direkt beim Biobauern oder zumindest Bio-Eier im Supermarkt. Allzu oft sollten sie jedoch auch beim Hund nicht auf dem Speiseplan stehen, bekommt er hochwertiges Eiweiß in Form von Fleisch, benötigt er nicht öfter als ein- bis zweimal pro Woche Eier. In der vegetarischen Fütterung spielen sie dagegen eine wichtige Rolle.

Milch und Milchprodukte

Um das Märchen von der gesunden Milch, zumindest was die Hundeernährung betrifft, auszuräumen: Hunde sind grundsätzlich laktoseintolerant, vertragen also Laktose bzw. den in der Milch enthaltenen Milchzucker nicht oder nur schlecht, allerdings ist das von Tier zu Tier individuell verschieden.

Warum werden dennoch Milchprodukte gerne an Hunde verfüttert? Weil sie hochwertige Proteine, Mineralstoffe wie Calcium und Kalium sowie Vitamine enthalten. In kleinen Mengen (siehe unten) kann man – am besten – angesäuerte Milchprodukte verfüttern. Treten aber Durchfall, Erbrechen oder andere Unverträglichkeiten auf oder schmeckt das Futter nicht, sollte man diese erst einmal weglassen. Wenn es mit der Verdauung wieder funktioniert, können Sie es noch einmal versuchen, kommt es erneut zu Problemen, werden Milchprodukte für diesen Hund vom Speisezettel gestrichen!

Bei einer unserer Hündinnen zum Beispiel, die oft mit Verstopfung Probleme hatte, hat sich die tägliche Gabe von etwas Naturjoghurt zum Futter gut bewährt, eine andere dagegen bekam Durchfall davon. Körniger Frischkäse und Magerquark bekamen jedoch beiden gut. Testen Sie also bitte selbst aus. Die Zufütterung für Welpen sollte nicht aus Kuh-, sondern aus der verträglicheren Ziegenmilch bestehen, andernfalls können später dadurch bedingte Allergien folgen.

Besonders während der Trächtigkeit und Säugezeit sowie im Wachstum oder bei vegetarischer Fütterung ist die Gabe der unten aufgeführten Milchprodukte von Vorteil.

Bei Hunden, die keine Unverträglichkeit gegen Milcheiweiß oder Milchzucker haben, kann man folgende Milchprodukte füttern:

Quark (mager): viel Eiweiß, wenig Milchzucker, wird meist gut vertragen

Joghurt (Natur): niedriger Milchzuckergehalt, gute Verträglichkeit, unterschiedlicher Fettgehalt

Hüttenkäse: leicht verdaulich, wenig Fett und hoher Eiweißgehalt
Kefir: reich an B-Vitaminen, baut Darmbakterien nach Antibiotikagaben oder bei Demodex-Milben-Befall wieder auf
Buttermilch: fettarm, calciumreich, gut verträglich
Milder Käse (z. B. fettreduzierter Mozzarella): als zusätzliches, eiweißreiches Leckerli gelegentlich in sehr kleinen Mengen, aufpassen wegen Salzgehalt und bei hohem Fettanteil

Auf andere Produkte wie Milch, auch Mager- oder H-Milch, Schmand, Sahne, Butter, stark gewürzten fettreichen Käse sowie Molke sollte man bei der Ernährung seines Hundes verzichten.

Knochenfütterung

In der natürlichen Ernährung der Wölfe und Wildhunde machen frische Knochen einen relativ großen Anteil aus. Sie liefern Calcium und Phosphor, die der Hund benötigt. Insofern sollten Hunde regelmäßig auch Knochen zum Kauen und Knabbern erhalten. Diese jedoch ausschließlich roh, möglichst frisch und an die Größe Ihres Hundes angepasst geben. Gekochte Knochen (aller Art) werden spröde und splittern, wodurch Verletzungen im Maul und Verdauungstrakt entstehen können. Nicht jeder Hund verträgt allerdings eine tägliche Ration Knochen, manche bekommen Verstopfung, Durchfall oder erbrechen sich.

Ansonsten ist ein- bis zweimal pro Woche die Gabe von Knochen empfehlenswert, am besten nach einer Mahlzeit zum »meditativen« Abknabbern.

Geflügelknochen können auch roh noch relativ schnell splittern. Spitze Knochensplitterreste können im Darm Verletzungen verursachen und Entzündungen hervorrufen, die sehr schmerzhaft und nicht ungefährlich sind. Ist Ihr Hund ein Schlinger, ein echter Gierhals, sollten Sie ihm keine kleinen Knochen geben, die er verschlucken kann. Das kann zu einem Verschluss von Verdauungsapparat oder Speiseröhre und zu einer kostspieligen Notoperation führen – ansonsten sogar tödlich enden! Verwenden Sie Knochen, die so groß sind, dass Ihr Hund daran knabbern kann und kauen muss, und die er nicht im Ganzen verschlucken kann. Füttern Sie Knochen nur unter Beobachtung Ihres Tieres, so sehen Sie, ob ausreichend gut gekaut wird und Knochen vertragen werden. Sollte doch einmal etwas stecken bleiben, können Sie dann auch gleich reagieren. Gewöhnen Sie Ihren Hund langsam an die Knochenfütterung! Für den Anfang eignen sich Hühner- oder Putenhälse gut, man kann sie auch evtl. im Mixtopf vorher etwas zerkleinern (in Stücke schneiden und **5 Sek./Stufe 5** hacken).

Warum Knochen füttern?

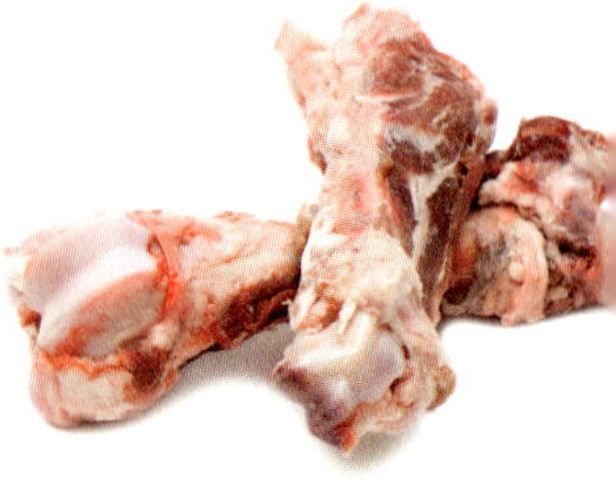

Rohe Knochen liefern benötigtes Calcium auf natürliche Weise.

Besonders Nassfutter (auch zerkleinertes, selbst gekochtes) bleibt an den Zähnen haften und beansprucht die Kauwerkzeuge recht wenig, wodurch Karies und Mundgeruch entstehen. Die Gabe von Knochen (ein- bis zweimal in der Woche) wirkt wie eine Zahnbürste dagegen.

Geeignete Knochen sind zum Beispiel Geflügelhälse, für »Geübtere« dann Rinderbeinscheiben, Gelenkknochen, Markknochen von Rind und Kalb, Lammknochen, sehr gerne genommen wird aber auch ein mindestens halbroher T-Bone-Steak-Knochen.

Für Knochen vom Schwein gilt dasselbe wie für Schweinefleisch, also bitte nicht roh füttern und gekocht nicht, weil sie splittern können. Fazit: Schweine- und Wildschweinknochen sind gestrichen.

Ein Vorteil der Knochenfütterung liegt auch in der – oft stundenlangen –Beschäftigung des Hundes. Die meisten Hunde lassen für einen feinen Knochen gerne von anderen Gegenständen ab, von denen wir sie lieber fernhalten möchten, wie Schuhen, Teppichen oder gar Möbeln. Alte, unappetitliche Knochenreste werden allerdings – zum Leidwesen der Hunde – entsorgt.

Sollte Ihr Hund keine Knochen mögen oder sie einfach nicht vertragen, können Sie, um die Versorgung mit Calcium zu gewährleisten, Knochenmehl, Algenkalk oder Eierschalenpulver füttern (siehe Seite 23 Calcium).

Markknochen vom Fleischer halbieren lassen, sodass sich beim Auslecken des Marks der Knochenring nicht um den Unterkiefer legen kann (kommt immer wieder vor und wird sehr unangenehm und sogar gefährlich!).

Ballaststoffe und Kohlenhydrate

Gemüse und Früchte

Am besten vertragen wird Gemüse von Hunden meist gedämpft (evtl. noch mit etwas Biss) und kleingehackt oder püriert. Die meisten mögen es vor allem mit Fleisch vermischt. Gegen ein kleines Stück rohes Gemüse zwischendurch ist jedoch nichts einzuwenden, wenn Ihr Hund das gerne mag.

Früchte sollten erst kurz vor dem Füttern untergemischt werden, am besten kleingeschnitten oder püriert. Immer nur sehr reife Früchte verwenden, bei unreifen Früchten kann es zu Verdauungsproblemen kommen, außerdem sind die in reifen oder überreifen Früchten enthaltenen Enzyme besonders aktiv und wirksam.

Das Verhältnis von Gemüse zu Früchten sollte etwa 3 : 1 betragen, also wesentlich mehr Gemüse als süße Früchte. Oder man gibt die Früchte, sofern Ihr Hund das so annimmt, als kleingeschnittenes Leckerchen zwischendurch, vorausgesetzt, er hat nicht zu viel auf den Rippen. Sowohl Gemüse als auch Früchte sorgfältig waschen, um schädliche Spritzmittelrückstände und Umweltgifte zu entfernen. Um Ihrem Hund auch wirklich das Beste an Ernährung zu bieten, empfehlen wir, Gemüse und Früchte aus biologisch kontrolliertem Anbau zu kaufen. Doch wenn man dies entweder nicht bekommt oder es schlichtweg zu teuer ist, gibt es eine preiswerte Alternative: Waschen Sie alles gründlich in Natronwasser (1 EL Haushaltsnatron in 2 l Wasser auflösen) und spülen es danach mit klarem Wasser ab. So wird zumindest ein Großteil derjenigen Spritzmittel oder Giftrückstände entfernt, die sich auf der Außenhaut befinden. Zudem wird es bekömmlicher.

Übrigens: Hat Ihr Hund einen zu weichen Stuhl, hilft gekochtes Wurzelgemüse. Bei Verstopfung sind grüne Gemüsesorten, Salat, Kürbis und Kohlgemüse zu empfehlen.

Die folgende Tabelle zeigt, welche Gemüse- und Fruchtsorten bedenkenlos gefüttert werden können (Verträglichkeit vorausgesetzt) und wie oft Sie sie wöchentlich geben können, aber nicht müssen! Der Anteil pro Mahlzeit sollte bei rund 15 bis 20 Prozent liegen, wird getreidefrei gefüttert, etwa bei 30 Prozent.

Sorte	Zustand	Wie oft/Woche maximal	Vitamine
Ananas (reif)	roh	1–2 x (kleine Menge)	B2/B3/B5/B6/B9/C
Apfel	roh oder leicht gedämpft	3–4 x	B3/B7/B9/C/K
Aprikose (niemals die Kerne!)	roh oder getrocknet (ungeschwefelt!)	1–2 x	A/B2/B3/B5/B6/B9/C/K
Banane	roh	2–3 x	B3/B5/B6/B7/B9/C
Birne	roh	1–2 x	B2/B3/B7/B9/C/K
Blumenkohl	gekocht oder gedämpft	2–3 x	B5/B6/B9/C/K
Bohnen (grün)	gekocht, gedämpft	1 x (max. 10 %)	A/B1/B2/B5/B6/B9/E
Brokkoli	gekocht oder gedämpft	2–3 x	A/B2/B5/B6/B7/B9/C/E/K
Brombeeren	roh, gedämpft, püriert	2–3 x	B3/B5/C
Brunnenkresse	roh, gehackt	1–3 x	D
Chinakohl	roh und blanchiert, püriert	1 x	A/D/B1/B2/B3/B5/B6/B9/C/E
Erbsen (frisch, TK, getrocknet)	eingeweicht, gekocht, gedämpft	1 x (max. 10 %)	B1/B3/B5/B6/B7/B9/C
Erdbeeren	roh	2 x	A/B5/B6/B7/B9/C
Fenchel	roh, gekocht, gedämpft	1–2 x	A/B1/B2,/B6/B9/C/K
Grünkohl	gekocht oder gedämpft	1 x (kleine Menge)	A/B1/B2/B5/B6/B9/C/E/K
Gurke	roh (gut waschen), leicht gedämpft	2 x	B3/B5/C/K
Heidelbeeren	roh	1–2 x	B/B3/B5/B6/B7/C
Himbeeren	roh, püriert	1–3 x	A/B3/B5/B6/B7/B9/C
Johannisbeeren	roh, getrocknet, püriert	1–3 x	A/B2/B5/B6/B9/C
Karotten	roh, gekocht, mit etwas Öl	3–5 x	A/B3/B5/B6/B7/B9/C/K
Kartoffeln	gekocht oder gedämpft	1–3 x	B1/B3/B5/C/K
Kiwi	roh (geschält)	1–3 x	B2/B5/B9/C/K
Kokosnuss	roh, getrocknet, geraspelt, gemahlen	2–3 x	B5/B6/B9
Kürbis (bitte »Giftiges« Seite 29 beachten!)	roh, gekocht oder gedämpft	1–3 x	A/B5/B7/B9/C
Linsen	eingeweicht, gekocht	1 x (max. 10 %)	B1/K
Mango, reif	roh	2–3 x	A/B5/B6/B7/B9
Mangold	gekocht oder gedämpft	1 x (kleine Menge)	B2/B3/B5/B9/C/E/K (Kochwasser wegschütten)

Sorte	Zustand	Wie oft/Woche maximal	Vitamine
Melone (Wasser- oder Honigmelone)	roh, entkernt, püriert	1–3 x	A/B3/B5/B6/B7/B9
Orange	roh (nur überreif)	1–2 x (kleine Mengen)	B5/B6/B7/B9/C
Papaya	roh, püriert	1–2 x	A/B2/B3/B5/B6/B7/B9
Paprika, rot	roh, gekocht, gedämpft	1–2 x	A/B2/B6/B9/C
Pastinaken	roh, gekocht, gedämpft	2–3 x	B2/B3/B5/B9/C
Rote Bete	roh, gekocht, gedämpft	1 x	A/B2/B3/B5/B6/B9/C
Salat: Eisberg, Feldsalat, Romanesco, grüner	roh (gehackt oder püriert)	3–4 x	B1/B2/B5/B6/B7/B9/C
Sellerie	roh, gekocht, gedämpft	1–2 x	B6/B9/C
Steckrübe	gekocht oder gedämpft	1–2 x	A/B2/B6/B9/C
Süßkartoffeln	roh, gekocht, gedämpft	2–3 x	B2/B5/B6/B9/C
Topinambur	roh, gedämpft	2–3 x	B3/B7/B9/C
Zucchini (bitte »Giftiges«, Seite 29, beachten!)	roh, gekocht, gedämpft	2–3 x	C/B6/B9/E

Anmerkung

Bei dem in dieser Liste aufgeführten Vitamin A handelt es sich genau genommen um Provitamin A.

Auf besonders oxalsäurehaltige Gemüsesorten wie Spargel oder Spinat wurde hier bewusst verzichtet. Sie dürfen grundsätzlich gekocht oder gedämpft zwar verfüttert werden, aber nur in kleinen Mengen (nicht mehr aufwärmen nach dem Kochen, gilt auch für Mangold).

Auch sehr bitteres Gemüse wie Chicoree darf zwar gegeben werden, wird aber oft nicht angenommen.

Pilze wie Champignons, Egerlinge oder Austernpilze sind grundsätzlich für den Hund nicht giftig und enthalten einen hohen Eiweißanteil, sind aber schwer verdaulich und werden auch oft schlecht vertragen. Wenn überhaupt, dann nur gekocht (oder gedämpft) und kleingeschnitten bzw. püriert verfüttern und in sehr kleinen Mengen. Wenn aus gesundheitlichen Gründen Heilpilze gegeben werden, sind diese pulverisiert und werden in Kleinstmengen verabreicht.

Hinsichtlich der Fütterung von Tomaten gibt es viele widersprüchliche Berichte, daher haben wir auch auf sie verzichtet. Wenn Sie dennoch Tomaten füttern wollen, so achten Sie darauf, nur ganz reife Tomaten ohne grüne Stellen zu verwenden.

Kräuter

Grundsätzlich stellen Kräuter eine hochwertige, da vitamin- und mineralstoffreiche Ergänzung unserer Hundemahlzeiten dar. Doch zugleich haben viele Kräuter und auch Unkräuter eine heilende Wirkung, weshalb man sie ohne gesundheitlichen Hintergrund nur abwechselnd und in kleinen Mengen frisch verfüttern sollte. Gut geeignet sind Löwenzahnblätter, junger Giersch, Petersilie (nicht bei trächtigen Hündinnen), Schnittlauch (trotz des enthaltenen Allicins und in sehr kleinen Mengen), junge Brennnesselblätter, Vogelmiere. Kräuter werden fein gehackt oder mit dem anderen Gemüse püriert unter das Futter gemischt.

Getreide

In vielen Fertigfuttermitteln sind hohe Mengen an Getreide, also Weizen, Dinkel, Reis, Hafer, Roggen, Gerste, enthalten, zum Beispiel in Form von Nudeln.

Grundsätzlich benötigt der Hund aber kein Getreide, viele vertragen es auch schlecht. Man kann es jedoch trotzdem in kleinen Mengen verfüttern, sofern keine Allergie oder Unverträglichkeit bekannt ist, wenn der Hund schnell verfügbare Energie benötigt, also bei starker Beanspruchung (Hundesport, Trächtigkeit, Säugezeit), zur Kräftigung (bei Unterernährung) oder zum Wiederaufbau nach schwerer Krankheit sowie als zusätzlichen Vitamin-, Mineralstoff- und Eiweißlieferanten.

Am besten geeignet, da wenig allergieauslösend und gut verträglich, sind glutenfreie Getreidesorten wie Hirse und Vollkornreis oder Mais. Doch auch Vollkorndinkel und Vollkornhafer eignen sich in Form von Flocken und Nudeln oder für Hundekekse. Mais enthält nur wenige Inhaltsstoffe, löst oft Allergien aus und ist eher schwer verdaulich. Aber er kostet wenig, weshalb er oft in Fertigfutter zu finden ist.

Als (glutenfreie) Pseudogetreide bezeichnet werden Amarant (für ein starkes Immunsystem und schönes Fell), Quinoa (entsäuernd, kalorienarm, eiweißreich) und Buchweizen (hochwertige Proteine, senkt den Blutzucker, gut für das Herz und die Venen).

Hunde, die aufgrund von Unterernährung, hoher Beanspruchung, nach bzw. während Krankheit oder Trächtigkeit zunehmen sollten, profitieren von einem hohen Getreideanteil, am besten jedoch nur Vollkornprodukte und in Bioqualität.

Bei Tieren, die übergewichtig sind oder sehr leicht zunehmen, ist es besser, auf Getreide entweder ganz zu verzichten oder den Anteil im Futter sehr niedrig zu halten.

Rundum gesunde Hunde können einen Anteil von etwa 5 bis 10 Prozent ihrer Ration in Form von Getreide erhalten. Flocken oder Schrot werden grundsätzlich eingeweicht oder gekocht verfüttert, ganze oder gemahlene Körner gekocht oder gebacken.

Inhaltsstoffe und Getreidearten, die Sie Ihrem Hund guten Gewissens füttern können:

Vollkorngetreide (Weizen, Dinkel, Emmer): B1, B2, B3, B6, B5, B9, B12, Vitamin E, Ballaststoffe, Phosphor, Kalium, Magnesium, Calcium, Silizium etc. in etwas unterschiedlicher Höhe. Enthält viel Gluten, bei Unverträglichkeit also nicht füttern.

Weizenkleie: B3, B5, B9, B12, Vitamin E, Calcium, Mangan, Eisen, Zink, Kalium, Phosphor etc.; allerdings enthält Weizenkleie die ungesunde Phytinsäure in relativ hohen Mengen. Man kann sie durch phytinsäurefreies Kokosmehl (mit ähnlich gesunden Inhaltsstoffen) ersetzen. Bei schlechter Verdauung wenig davon über die Mahlzeit streuen, das pflegt den Darm.

Haferflocken (Vollkorn): B1, B6, B7, Vitamin E, Ballaststoffe, Eiweiß, ungesättigte Fettsäuren, Zink, Eisen, etc. Enthalten ebenfalls Gluten, nicht bei Unverträglichkeit füttern, sonst gelegentlich.

Reis (Vollkorn, ungeschält): B1, B3, B5, B7, B12, Vitamin E, Kalium, Magnesium, Calcium, Natrium, Aminosäuren etc. Auch Reis enthält Phytinsäure in hohen Mengen. Am besten über Nacht vor dem Kochen einweichen, Wasser wegschütten, dann kochen. Nur selten und in kleinen Mengen füttern. Bei Durchfall oder Magenproblemen als Schonkost kochen. Je nach Anbaugebiet kann Reis stark arsenbelastet sein. Daher sollte er nicht zu oft gefüttert werden. Idealerweise zu Bioreis greifen.

Quinoa: B1, Eiweiß, Kalium, Magnesium, Phosphor, Eisen, Zink, Ballaststoffe etc.

Buchweizen: B2, B3, B6, B9, Ballaststoffe, Magnesium, Phosphor, Mangan, Kupfer, Ballaststoffe, essenzielle Aminosäuren (z. B. Lysin) etc. Ungeschälter Buchweizen kann Allergien auslösen und macht die Haut lichtempfindlich. Entweder vor dem Kochen heiß abspülen und den roten Stärkeschleim nach dem Kochen entfernen oder geschälten Buchweizen verwenden.

Hirse: B6, Eiweiß, Fluor, Schwefel, Phosphor, Magnesium, Kalium, Eisen, Silizium etc.

Hülsenfrüchte

Hülsenfrüchte wie Bohnen, Erbsen, Linsen, Kichererbsen sind hochwertige Eiweiß- und Kohlenhydratspender. Sie enthalten daneben B1, B5, B6, B9, B12, Vitamin K, essenzielle Aminosäuren, Ballaststoffe, Magnesium, Eisen etc. und verfügen über einen niedrigen glykämischen Index, sodass sie sich zur Ernährung bei Diabetes oder Diäten zum Abspecken eignen.

Soll der Hund vegetarisch ernährt werden, kommt man um sie kaum herum, denn sie sind wichtige Lieferanten für pflanzliches Eiweiß.

Hülsenfrüchte immer nur eingeweicht, gespült und gekocht (evtl. zerkleinert) in kleinen Mengen ins Futter geben. Rohe Hülsenfrüchte enthalten das giftige Phasin. Es verklumpt die roten Blutkörperchen und ist, in großen Dosen verzehrt, tödlich. Vergiftungserscheinungen sind blutiges Erbrechen oder Durchfall, Fieber, Krämpfe. Beim Kochen (ab etwa 30 Minuten) wird der meiste Teil von Phasin, einem komplexen Protein, zerstört. Rote Kidneybohnen enthalten zum Beispiel roh 20 000 bis 70 000 hämagglutinierende Einheiten (HAE), gekocht nur noch 200 bis 400.

Auch Phytinsäure in relativ hoher Menge ist in Hülsenfrüchten enthalten. Am besten mindestens 12 oder 24 Stunden vor dem Kochen einweichen, bis sie so weich sind, dass man sie jetzt schon zerkauen kann. Einweichwasser wegschütten, nochmals mit klarem Wasser spülen, dann 30 bis 60 Minuten, je nach Sorte, kochen.

Sojabohnen sind zusätzlich noch reich an Phytoöstrogenen mit hormonähnlichen Wirkungen, oft genmanipuliert und schadstoffbelastet, sodass der positive Aspekt ihrer Verfütterung an (zumindest männliche) Hunde fraglich ist. Laut einer Studie der Tierschutzorganisation Peta, die die Daten zu Gesundheitszustand und Ernährung von 300 vegetarisch und vegan ernährten Hunden auswertete, waren Tiere, die sojaproduktfrei gefüttert wurden, deutlich gesünder und fitter als ihre Artgenossen, die Sojaprodukte bekamen. Auch Hautprobleme traten bei ihnen seltener auf. (Studie über den Gesundheitszustand vegetarisch ernährter Hunde, nachzulesen unter: http://www.peta.de/studievegetarischehunde#.WP9J2mdqVfk)

Falls Ihr Hund zu Blähungen oder starker Darmtätigkeit mit Durchfallneigung tendiert, ist es besser, ihm keine oder nur sehr wenig Hülsenfrüchte zu geben. Der Anteil von Hülsenfrüchten beim gesunden Hund sollte maximal 10 Prozent der Futterration betragen und nicht öfter als einmal pro Woche gefüttert werden.

Öle

Hochwertige Öle sind ein wichtiger Bestandteil unserer Mischkost und müssen immer dem Futter zugesetzt werden. Sie enthalten gesättigte und ungesättigte Fettsäuren, die Hunde nicht selbst produzieren können, aber lebenswichtig für sie sind.

In fettem Fleisch sind bereits Omega-6-Fettsäuren enthalten.

Pflanzliche Öle kauft man als kalt gepresste Produkte ein und lagert sie kühl und dunkel. Innerhalb von drei Monaten aufbrauchen, sie verderben dann (manche Öle wie Leinöl verderben noch schneller und müssen immer im Kühlschrank gelagert werden).Gehaltvolle Öle pflanzlicher Herkunft sind Leinöl, Rapsöl, Hanföl, Walnussöl, Borretschöl, Kokosöl (nativ), Weizenkeimöl, Maiskeimöl, außerdem Nachtkerzenöl mit Gamma-Linolensäure.

Je nach Körpergröße ½ TL (kleiner Hund), 1 TL (mittlerer Hund bis 20 kg) oder 1½ bis 2 TL (bei großen Hunden bzw. Riesen) täglich über das Futter geben. Füttert man sehr fettes Fleisch, kann man auch etwas weniger zufügen.

Tierische Öle wie zum Beispiel Lachsöl, Lebertran (vor allem im Winter), Dorschöl, Gänseschmalz (eher wenn der Hund zunehmen soll oder einen hohen Energieverbrauch hat) enthalten Omega-3-Fettsäure. Man gibt sie etwa zweimal pro Woche abwechselnd mit den oben genannten pflanzlichen Ölen. Um Mangelerscheinungen vorzubeugen, wechselt man die Öle ab.

Vitamin-E-haltiges Öl wie Weizenkeimöl oder Distelöl zusätzlich viermal pro Woche füttern (0,3 g Öl pro kg Körpergewicht).

Kann Ihr Hund sich für etwas streng schmeckende Öle wie Leinöl oder Lebertran gar nicht erwärmen, gewöhnen Sie ihn langsam daran, indem Sie sie tropfenweise ins Futter mischen. Dann allmählich steigern, so wird der neue Geschmack ganz »normal« für ihn.

Mineralstoffe

Mineralstoffe sind lebensnotwendig und müssen über die Nahrung aufgenommen werden, da der Körper sie nicht selbst herstellen kann. Für viele Stoffwechselvorgänge sind sie wichtig. Das bedeutet gerade bei einer ausgewogenen Ernährung aber nicht, dass sie zugefüttert werden müssen. Nur im Krankheitsfall oder in bestimmten Phasen, in denen der Bedarf erhöht ist (Trächtigkeit, Säugezeit, Wachstum, Alter), sollte man Mineralstoffe dosiert und am besten kontrolliert zufüttern.

Doch auch ein Überangebot hat negative Auswirkungen auf die Gesundheit, die Entgiftungsorgane Leber und Nieren werden überlastet, andere Mineralstoffe und Spurenelemente können über den Darm nicht mehr aufgenommen werden, was wiederum einen Mangel an diesen verursachen kann.

Wichtig ist vor allem der ausgeglichene Calcium/Phosphor-Haushalt, da beide Mineralien eine Wechselwirkung miteinander im Körper eingehen.

Calcium

Calcium ist das Hauptmineral, das für den Knochenstoffwechsel, das Wachstum der Knochen und Zähne, benötigt wird. Der Tagesbedarf eines erwachsenen Hundes liegt je nach Rasse zwischen 50 und 100 mg je kg Körpergewicht. Junge Hunde im Wachstum, besonders von größeren und großen Rassen, liegen mit ihrem Bedarf eher an der oberen Grenze. Doch ein Zuviel an Calcium führt sogar zu Missbildungen (deformierte Knochen), daher ist ein ausgewogener Calciumhaushalt gerade bei den schnell wachsenden großen Hunden besonders wichtig. Ab dem Zahnwechsel bis zum 13. Lebensmonat benötigt der Welpe bzw. junge Hund eine höhere Menge als der erwachsene, sehr große Rassen auch noch länger. Da wir keine Tierärzte sind und der Calciumbedarf sehr wichtig für das Knochenwachstum ist, verzichten wir hier bewusst auf Mengenangaben. Bitte fragen Sie bei Ihrem Tierarzt, Tierheilpraktiker oder Ihrem Züchter nach oder halten sich an die Herstellerangaben von Mineralstoffpräparaten (Tierfachhandel).

Liegt eine Überdosierung von Vitamin A oder Vitamin D vor, folgt ein Anstieg der Calciumwerte im Blut, ebenso wie bei der Einnahme von entwässernden oder Schilddrüsenmedikamenten. Eine Folge von längerdauernder Überdosierung können Herzinfarkt und Schlaganfall sein.

Calcium kann durch die Gabe von Knochen (z. B. Hühnerhälse) oder Knochenmehl (1 g = ca. 115 mg Calcium) zugeführt werden, zu viel davon kann wie die Knochenfütterung selbst zu Verstopfung führen. Da auch Knochenmehl Erreger übertragen kann, sollte es mit dem Futter immer mitgekocht bzw. miterhitzt werden.

Calcium wird sehr gerne und vor allem bei knochenfreier Ernährung in Form von Eierschalenpulver (gekauft oder im Backofen bei 120 °C getrocknet und im Thermomix® fein gepulvert) gegeben, das ist preiswert und schnell auf Vorrat hergestellt. 1 g davon enthält ca. 370 mg Calcium.

Im Fachhandel findet man ansonsten Calciumpräparate wie zum Beispiel Algenkalk. Diese haben den Vorteil, dass sie sich leichter berechnen lassen.

Phosphor

Neben Calcium ist Phosphor das wichtigste Mineral, das sich im Körper des Hundes befindet, das meiste davon im Skelett, ein kleiner Teil im weichen Gewebe. Doch Phosphor hat auch noch andere Aufgaben wie zum Beispiel beim Fettstoffwechsel und der Zellproduktion. Befindet sich zu viel Phosphor im Körper, wird er über die Nieren wieder ausgeschieden. Länger anhaltender Überschuss kann daher zu Nierenschäden und Harnsteinen führen. Zwischen Calcium und Phosphor besteht eine Art Wechselwirkung, bei zu hohem Phosphorwert wird die Aufnahme von Calcium erschwert, daher sind meist die Calciumwerte gleichzeitig zu niedrig. Führt man zusätzlich Calcium zu oder reduziert den Phosphoranteil in der Nahrung, bessern sich beide Werte meist schnell wieder. Im Zweifelsfall sollten die Blutwerte beim Tierarzt oder Tierheilpraktiker untersucht werden, denn es kann auch zu Kalkablagerungen in Nieren und Lunge kommen.

Magnesium

Magnesium befindet sich beim Hund im Skelett wie auch im Weichteilgewebe. Es ist wichtig für den Fett-, Kohlenhydrat- und Energiestoffwechsel, für enzymatische Prozesse, den Blutspiegel, das Nervensystem und die Muskulatur. Überschüssiges Magnesium wird über die Nieren ausgeschieden. Eine Folge von zu viel Magnesium kann Durchfall sein und es kann, wenn gleichzeitig Calcium und Phosphor zu hoch sind, zur Bildung von Harnsteinen kommen. Mangel äußert sich durch schmerzhafte Muskelkrämpfe, Bewegungsstörungen und gegebenenfalls Gewichtsabnahme (besonders beim jungen Tier).

Magnesium ist hitzeempfindlich, ein großer Teil geht also beim Kochen verloren. Zufüttern kann man Magnesium durch ein paar Haselnüsse, evtl. gehackt und über das Futter gestreut, außerdem Weizenkleie und Vollkornreis.

Natrium und Chlorid

Natrium ist im Blut und in den Knochen des Hundes gelagert, Chlorid vor allem in und außerhalb der Körperzellen sowie ebenfalls in den Knochen.

Natrium und Chlorid sind Elektrolyte und wichtig für den Säure-Basen-Haushalt, den Wasserbestand im Körper, in Muskeln und Nerven sowie die Enzymaktivierung, Chlorid außerdem für die Bildung der Magensäure.

Mangelerscheinungen von Natrium ebenso wie von Chlorid werden meist durch länger andauernden Durchfall oder Erbrechen hervorgerufen und äußern sich durch Störungen des Flüssigkeitshaushalts mit folgender Schwäche bis zum Kreislaufzusammenbruch, Dehydrierung, Haarausfall, trockene Haut, Lecksucht und Schluckprobleme aufgrund von Speichelmangel. Ein Überschuss kommt eher selten vor und führt zu vorübergehendem Bluthochdruck und Krämpfen.

Natrium ist vor allem enthalten in Salz (am besten naturbelassen), Blut, Ei und Fisch. Chloridmangel wird durch das Zufüttern von Kleinstmengen Salz (Meersalz, Steinsalz) ausgeglichen und ihm wird durch eine wöchentliche Gabe vorgebeugt.

Natrium und Chlorid werden über Nieren, Darm und Haut ausgeschieden.

Kalium

Kalium ist für den Druckausgleich der Zellen verantwortlich. Daneben ist es wichtig für den Säure-Basen-Haushalt, den Wasserhaushalt, Nerven und Muskeln.

Es lagert sich nur in begrenzter Menge in Leber und Muskeln ein, überschüssiges Kalium wird über die Nieren ausgeschieden. Bei guter Mischkost ist ausreichend Kalium darin enthalten. In Weißmehlprodukten, Zucker und poliertem Reis dagegen kaum. Bei Mangel kann es, besonders bei jungen Tieren, zu Gewichtsabnahme oder Wachstumsstörungen kommen, beim erwachsenen zu Kreislauf- und Nierenproblemen, Bewegungsstörungen, Appetitlosigkeit, Muskelaussetzern und hängendem Kopf. Ähnliches zeigt sich jedoch auch bei einem zu hohen Kaliumwert. Eine Blutwertbestimmung beim Tierarzt bringt in solchen Fällen Klarheit und sollte besonders bei Nierenerkrankungen regelmäßig erfolgen.

Relativ hohe Mengen an Kalium sind enthalten in Bananen, Bierhefe, Petersilie und Fleisch.

Vitamine

Man unterscheidet zwischen fett- und wasserlöslichen Vitaminen.

Fettlösliche Vitamine sind Vitamin A, D, E und K, wasserlöslich sind alle B-Vitamine sowie Vitamin C. Sie werden im Körper gespeichert und bei Bedarf »abgerufen«. Werden über die Nahrung (bzw. der Nahrung zugesetzte) Vitamine aufgenommen, kann es, vor allem bei Fütterung von Fertignahrung, einem Zuviel an bestimmten Nahrungsmitteln oder der zusätzlichen hochdosierten Gabe von Nahrungsergänzungsmitteln zu einer Überfüllung des Depots kommen und aufgrund der Überversorgung früher oder später zu Gesundheitsschäden.

Wasserlösliche Vitamine dagegen können über die Nieren ausgefiltert und mit dem Harn ausgeschieden werden. Doch auch hier ist eine dauernde Überversorgung nicht gut.

Selbstverständlich ist ein – vor allem länger andauernder – Mangel an lebenswichtigen Vitaminen schädlich für die Gesundheit Ihres Hundes. Welche Probleme auftreten können, erfahren Sie bei der jeweiligen Erläuterung des Vitamins.

Die genannten Auswirkungen der Mangelerscheinungen erheben nicht den Anspruch auf Vollständigkeit. Ist Ihr Hund länger krank, lassen Sie ihn bei einem Tierarzt oder Tierheilpraktiker untersuchen. Ein Bluttest mit zusätzlichem Vitaminstatus kann hier sehr nützlich sein.

Sie finden untenstehend eine Auflistung der wichtigsten Vitamine mit einer groben Benennung ihres Aufgabenbereiches im Körper sowie der Auswirkungen von Unterversorgung. In der Gemüse-und Früchteliste (Seite 18/19) sind die jeweiligen Vitamine angegeben, sodass Sie schnell nachsehen können, worin sie vorkommen.

Vitamin A

Wichtig für Augen und Sehkraft, Haut und Fell, Schleimhäute, Immunabwehr, Zellwachstum, Blutbildung, Fortpflanzungsfähigkeit bzw. Fruchtbarkeit. Tritt bei jungen Hunden im Wachstum Vitamin-A-Mangel auf, führt dies zu Entwicklungsstörungen. Bei älteren Hunden kann es die Knochenfestigkeit beeinflussen. Vitamin A wird in der Leber gespeichert, erst wenn der Vitaminspeicher aufgebraucht ist, kommt es zu Mangelerscheinungen.

Vitamin A ist enthalten in Leber, Hühnchenfleisch, Fisch und Fischölen, Eigelb und (etwas weniger) in Milchprodukten. Provitamin A (das ist die Vorstufe von Vitamin A, auch genannt Carotinoide, wie z. B. das Betacarotin) findet sich in Karotten, farbigem Gemüse und Früchten. Um das Provitamin A aufnehmen zu können und in Vitamin A umzuwandeln, benötigt der Stoffwechsel (auch beim Menschen) Öl, das wir dem Futter zugeben. Von pflanzlichem Provitamin A kann keine Überversorgung entstehen, da der Körper nur so viel in Vitamin A umwandelt, wie er auch benötigt. Überdosierungen, wie sie durch Zufütterung von Vitaminpräparaten vorkommen können, führen zu Vergiftungserscheinungen.

B-Vitamine

Alle Vitamine der B-Gruppe sind wasserlöslich.

Vitamin B1 (Thiamin)

Wichtig für das zentrale (Gehirn und Rückenmark) und periphere Nervensystem und den Energiestoffwechsel (Kohlenhydrat- und Eiweißstoffwechsel). Hunde können einen Teil der benötigten Vitaminmenge im Darm selbst herstellen.

Mangelerscheinungen zeigen sich durch Müdigkeit, Leistungsnachlass, Nervosität, Krämpfe, Lähmungen, Appetitlosigkeit, Wasseransammlungen (Ödeme), Muskelschwund, Kotfressen (Koprophagie). Das Vitamin ist licht-, luft- und hitzeempfindlich (beim Kochen werden etwa 40 Prozent zerstört).

Vitamin B2 (Riboflavin)

Wichtig für den Kohlenhydrat- und Eiweißstoffwechsel, steuert Entgiftungsprozesse, beteiligt am Stoffwechsel, stärkt das Immunabwehrsystem, Haut (und Fell), Schleimhäute sowie Krallen und verhindert Augenerkrankungen.

Ein Mangel an Riboflavin führt zu Leistungsabfall, Entzündungen von Haut und Schleimhaut, Hornhauttrübung, Appetitlosigkeit, Schuppenbildung, Wachstumsstörungen, Missbildungen an Welpen, wenn er während der Trächtigkeit aufgetreten ist, Durchfall.

Das Vitamin ist relativ hitzestabil (kann also gekocht werden), aber lichtempfindlich.

Ein gut ausgewogenes Futter enthält ausreichend Vitamin B2. Nach Wurmkuren, Erkrankungen mit Antibiotikabehandlung und vor sowie während der Trächtigkeit ist besonders auf genügende Vitamin-B2-Zufuhr zu achten.

B3 (Niacin, Nikotinsäure)

Niacin ist in tierischen Produkten in höheren Mengen enthalten und besser verwertbar. Es ist wichtig für den Energiestoffwechsel, Haut und Schleimhäute, Nervensystem (Neurotransmitter) und den Fettstoffwechsel, dadurch auch für Herz und Kreislauf.

Bei einem gesunden Darm kann es bei Hunden dort auch selbst gebildet werden.

Mangel an Niacin führt zu Appetitverlust und Blutarmut mit Schwäche. Schleimhautveränderungen im Darm und Maul (z. B. dunkelblaulila verfärbte Zunge), Dermatitis, neurologische Störungen sowie Arteriosklerose können die Folgen einer länger andauernden Unterversorgung sein.

Vitamin B5 (Pantothensäure)

Dieses Vitamin kann im Hundedarm selbst hergestellt werden, sodass es recht selten zu einer Unterversorgung kommt. Ein erhöhter Bedarf besteht allerdings bei der trächtigen und säugenden Hündin, bei Welpen und Hunden im Wachstum sowie bei Stress.

Pantothensäure beeinflusst den Stoffwechsel, hat eine antioxidative Wirkung, stärkt die Immunabwehr, hilft bei der Entgiftung, ist wichtig für die Wundheilung sowie bei Entzündung und Erneuerung der Haut und Schleimhäute. Es unterstützt die Produktion von Haut- und Blutfarbstoffen und Steroiden, außerdem die Synthese von Nervenbotenstoffen (Neurotransmitter).

Kommt es zu Mangelerscheinungen, sind die genannten positiven Auswirkungen gefährdet, außerdem kann es noch zu Magen-Darm-Störungen, Haarausfall, Leistungsabfall, Wundheilungsverzögerung, Immunschwäche und Blutarmut kommen.

Vitamin B6 (Pyridoxin, Pyrodixal, Pyrodixamin)

Diese Vitamingruppe ist sowohl licht- als auch hitzeempfindlich. Vitamin B6 ist die Sammelbezeichnung dafür. Es ist in mehr tierischen als pflanzlichen Nahrungsmitteln enthalten.

Als Coenzym PLP ist es an etwa 100 Enzymreaktionen im Körper beteiligt, vor allem am Eiweiß-, Aminosäuren-, Kohlenhydrat- und Fettstoffwechsel. Es wird in der Leber für die Entgiftung benötigt, für die Synthese von Neurotransmittern, die Bildung von Gewebshormonen und roten Blutkörperchen sowie Antikörpern.

Mit einem vorliegenden Mangel an Vitamin C wird gleichzeitig mehr B6 mit dem Harn ausgeschieden. Mangelsymptome sind Wachstumsstörungen, Leistungsabfall, Blutarmut, Störungen des Nerven- und neurologischen Systems, Infektanfälligkeit, Dermatitis.

Einen erhöhten Bedarf hat der Hund während der Trächtigkeit und dem Säugen der Welpen, im Wachstum und im Alter.

Vitamin B7 (Biotin)

Biotin ist bekannt als das Vitamin für Haut, Nägel und Haar, respektive Fell und Krallen. Weniger bekannt ist, dass es auch Muskelschmerzen lindern kann, Ekzeme und Ausschläge. B7 trägt zur Steuerung des Fett- und Eiweißstoffwechsels bei sowie zu Synthese von Vitamin C, Purin und diversen Aminosäuren.

In Gemüse und Früchten ist es in geringen Mengen enthalten, in gekochtem(!) Ei, Hefe, Vollkornreis und Haferflocken dagegen schon in größeren, außerdem in Leber. Rohe Eier hingegen können die Aufnahme von Biotin stören und somit sogar einen Mangel verursachen, wenn sie oft gegeben werden.

Vitamin H, als das dieses Vitamin auch bezeichnet wird, ist sehr lichtempfindlich, kann aber gut erhitzt werden.

Ein Mangel an Biotin führt zu Haarausfall, Muskelschmerzen, Störungen von Nervensystem und Stoffwechsel sowie Dermatitis. Während der Trächtigkeit führt ein Mangel zu Entwicklungsstörungen.

Vitamin B9 (Folsäure, Vitamin M)

Da es ein besonders empfindliches Vitamin ist, ist die schnelle und schonende Verarbeitung von Gemüse und/oder Früchten, die es liefern, anzuraten, nur so kann der Gehalt gut ausgeschöpft werden. Folsäure spielt eine wichtige Rolle bei Zellteilung, Blutbildung und Wachstumsprozessen. Während der Trächtigkeit, Säugezeit, aber auch für das Decken (also den Deckrüden) besteht ein erhöhter Bedarf ebenso wie bei Krebserkrankungen.

Ein Mangel kann Blutarmut, Leistungsabfall und Wachstumsstörungen hervorrufen.

Vitamin B12 (Cobalamin)
Cobalamin ist ein lichtempfindliches, aber dafür relativ hitzebeständiges Vitamin. In nennenswerter Menge kommt es vor allem in tierischen Produkten vor wie Fleisch, Fisch, Eiern, Hefe, Vollkorn- und Milchprodukten sowie Hülsenfrüchten.

B12 steuert verschiedene Stoffwechselvorgänge mit, wie zum Beispiel den Fettabbau und die Blutbildung. Ein Mangel kann sich durch Blutarmut, Müdigkeit und Taubheitsgefühle oder Kribbeln äußern. Hunde, die ständig an ihren Beinen herumknabbern und sich anscheinend kratzen, können beispielsweise unter einem B12-Mangel leiden.

Vitamin C (Ascorbinsäure)
Eines der bekanntesten Vitamine ist Vitamin C. Es ist recht empfindlich, bei der Lagerung verlieren Früchte und Gemüse schnell einen hohen Anteil davon, ebenso bei Erhitzung.

Deswegen gibt man Früchte am besten frisch aufgeschnitten erst unmittelbar vor der Fütterung zum restlichen Teil der Mahlzeit dazu. Hunde können Vitamin C selbst herstellen in den Nieren und in der Leber, vorausgesetzt, diese sind gesund. Bei Erkrankung, Erkältungsanfälligkeit oder erhöhtem Stress sollte man dennoch auf die Zufuhr von zusätzlichem Vitamin C durch einen Teil der Nahrung in Form von frischen Früchten oder ascorbinsäurereichem rohem oder nur angegartem Gemüse achten.

Neben der Schutzfunktion in der Abwehr von Krankheiten ist Vitamin C beteiligt an vielen Stoffwechselvorgängen im Körper und schützt die Zellen vor oxidativen Schäden durch freie Radikale.

Vitamin D (Calciferol)
Vitamin-D-Mangel entsteht bei Hunden vor allem bei einseitiger Ernährung, wenn keine Innereien oder Blut gefüttert werden. Oftmals kann man sie dann beim Fressen von Kot von Pflanzenfressern beobachten. Provitamin D (D2) stammt aus pflanzlichen Quellen und wird in Vitamin D umgewandelt. Cholecalciferol (D3) wird im Körper durch die regelmäßige (wenn möglich tägliche) Bestrahlung mit Sonnenlicht gebildet. Dadurch wird – vor allem während der Sommermonate – der größte Anteil des Vitamin-D-Bedarfs gedeckt (80 bis 90 Prozent). Den Rest kann man über die Nahrung zuführen. Calciferol kommt vor allem in fettem Seefisch, Leber und Eigelb vor.

Vitamin D stärkt die Knochen, regelt den Calciumgehalt im Blut und wird zur Verwertung von Calcium und Phosphor benötigt. Der Bedarf steigt während der Trächtigkeit, Säugezeit und dem Wachstum von Welpen und Junghunden ebenso wie bei alten Tieren.

Vitamin-D-Mangel zieht eine langsame Arsenvergiftung nach sich, die nicht nur längerfristig betrachtet chronisch wird, sondern sogar tödlich enden kann. Vorher treten Hauterkrankungen, Durchfall, Anämie, Bluthochdruck, Diabetes, Herzerkrankungen, Knochenerweichung (Rachitis), Krebserkrankungen etc. auf.

Eine (eher unwahrscheinliche) Überdosierung löst Probleme wie Nierensteine aus.

Vitamin E (Tocopherole)
Vitamin E ist ein Sammelbegriff für verschiedene fettlösliche Verbindungen wie etwa das α-Tocopherol. Es ist licht- und sauerstoffempfindlich, aber relativ hitzestabil und muss durch die Nahrung aufgenommen werden. Es ist wichtig für den Schutz vor freien Radikalen (Antioxidanz), für die Immunabwehr, den Eiweißstoffwechsel, Muskeln, Nerven, Herz und Kreislauf.

Die eher seltenen Mangelerscheinungen sind Leistungsabfall, Veränderungen der Skelettmuskulatur und Nerven, Bewegungsstörungen, Herzmuskelschädigungen, Fruchtbarkeitsschwäche, Augenschäden.

Enthalten sind Tocopherole vor allem in kalt gepressten Ölen wie Weizenkeimöl, Olivenöl, Sonnenblumenöl sowie in dunkelgrünen Teilen von Gemüse.

Vitamin K (Phyllochinon)
Ein fettlösliches, lichtempfindliches, aber hitze- und sauerstoffbeständiges Vitamin.

Es spielt eine Rolle bei der Blutgerinnung. Welpen und alte Hündinnen haben einen erhöhten Bedarf.

Mangelerscheinungen sind Blutgerinnungsverzögerung, verlängerte Blutung bei Verletzungen, Veränderungen der Knochendichte. Vitamin-K-Mangel kann auch durch eine Lebererkrankung hervorgerufen werden. Bei längerer Einnahme von Antibiotika und Blutgerinnungshemmern sollte der Vitamin-K-Spiegel überprüft werden.

Eine leichte Überversorgung ist zumeist nicht schädlich, außer für Welpen.

Tierische Vitaminquellen

Produkt	Vitamine
Eier (meist Eigelb)	A/B1/B2/B5/B7/B9/B12/D
Geflügel	B1
Leber	A/B1/B2/B5/B7/B9/D
Innereien (Herz, Nieren)	B1/B2/B5/B12
Rindfleisch	B1/B12
Schweinefleisch	B1/B12
Milch und Milchprodukte	A/B2/B5/B12/D/Calcium
Fisch	B12
Fetter Seefisch	D
Scholle	B1
Thunfisch	B1

Ungeeignetes und Giftiges

Auch wenn folgende Lebensmittel für Menschen gesund oder sehr beliebt sind, so ist ihre Verwendung für die Hundeernährung nicht sinnvoll, da dies sogar zu Vergiftungen führen kann:

- Alkohol
- Auberginen, roh (Solanin)
- Avocados (Persin und noch unerforschte für Hunde giftige Stoffe)
- Bärlauch
- Bittermandeln (Blausäure)

- Bitterer Kürbis und Zucchini (Bittere Kürbisse und bittere Zucchini können giftige Cucurbitacine enthalten. Immer sind diese in Wild- und Zierkürbissen enthalten. Selbst gezüchtete Kürbissorten und auch solche aus dem Supermarkt am besten immer vorab testen, ob sie bitter schmecken, denn sie können zu Durchfall, Erbrechen und sogar zu tödlichem Schock bei größerer Nahrungsaufnahme führen.)
- Blumenkohl, roh
- Brokkoli, roh
- Butter (kurzkettige Fettsäuren, nur in kleinen Mengen)
- Chili (Capsaicin, Scharfstoffe)
- Eiweiß, roh (Trypsinhemmstoff)
- Fetter Speck
- Geflügelhaut
- Geräuchertes
- Grüne Bohnen, roh (Toxin Phasin)
- Hopfen
- Hülsenfrüchte, roh (Trypsinhemmstoff), wie Bohnen, Erbsen, Linsen
- Kaffee (Koffein)
- Kakao (Theobromin)
- Kartoffeln, roh (Solanin), vor allem die grünen Stellen und Triebe daran
- Kohlgemüse, roh (Blähungen, Ausnahme Chinakohl)
- Knoblauch (Allicin, Sulfide)
- Laktose in Milch und Milchprodukten (Laktoseintoleranz, siehe Seite 15)
- Lauch (Allicin)
- Lauchzwiebeln (Allicin)
- Limetten (Säure)
- Limonen (Säure)
- Macadamianüsse (hoher Phosphorgehalt und unbekannter Giftstoff)
- Milchzucker (Laktoseintoleranz)
- Paprika, grün
- Pfeffer (Capsaicin, Scharfstoffe)
- Rettich und Radieschen (nur wenn sie sehr scharf sind, Senföle)
- Rosinen (erhöhen die Calciumwerte dramatisch)
- Salz in größeren Mengen (Chips, salzige Knabbereien)
- Schalotten
- Schnittlauch (in größerer Menge)
- Schokolade (Theobromin)
- Schwarzer Tee (Theophyllin, Coffein)
- Schweinefleisch, roh (Aujeszky-Virus, auch Wildschwein!)
- Steinobstkerne von Pflaumen, Zwetschgen, Kirschen, Aprikosen, Pfirsichen, Nektarinen etc. (Blausäure, Cyansäure)
- Süßstoff
- Tabak
- Tomaten (Solanin)
- Trauben (erhöhen die Calciumwerte dramatisch)
- Walnüsse (giftiger Pilzbefall)
- Zitronen (Säure)
- Zuckerersatzstoff Xylit (Xylitol) und Lignit
- Zwiebeln (Allicin, Sulfide)

Hinsichtlich der Giftigkeit von Zwiebeln und Zwiebelgewächsen sowie Knoblauch besteht Uneinigkeit. Manche geben ihrem Hund seit Jahren ohne Probleme kleine Mengen davon. Vorsichtshalber wurden sie hier jedoch aufgeführt. Denn es gibt Studien, die die Giftigkeit für Hunde bestätigen, allerdings wurden diese dann mit recht hohen Mengen davon gefüttert. Grundsätzlich sind Zwiebeln und Co. natürlich sehr gesund, doch vor allem roh nicht leicht zu verdauen. Im Zweifelsfall fragen Sie bei Ihrem Tierarzt nach.

Fütterungsempfehlung

Wer ganz auf selbst zubereitete Mahlzeiten umsteigen möchte, tut sich anfangs oft noch etwas schwer damit, wie oft und in welcher Menge er dieses und jenes zusammenstellen soll. Die nachfolgende Tabelle soll Ihnen dabei helfen.

Wie viel Ihr Hund dabei insgesamt bekommt? Orientieren Sie sich vorerst an den bisherigen Mengen, die er gefressen hat. Da das neue Futter meist hochwertiger sein dürfte, können Sie vermutlich die Futtermenge langsam etwas reduzieren. Bitte beachten Sie anfangs die Informationen zur Futterumstellung (siehe Seite 11). Idealerweise füttert man zweimal täglich (Welpen öfter).

Ein Fastentag pro Woche hilft beim Schlankbleiben (auch in der Natur gibt es nicht jeden Tag etwas Essbares), sofern der Hund nicht unter Untergewicht oder Diabetes leidet. Auch für trächtige oder säugende Hündinnen, Welpen und Junghunde im Wachstum sowie nach Krankheit entfällt der Fastentag. Manche Hunde vertragen auch keinen Fastentag, weil sie schnell eine Unterzuckerung bekommen (besonders Kleinhunde), testen Sie es einfach aus.

Was	Anteil	Wie oft/Woche
Fleisch	60–70 %	6–7 x
Fisch	60–70 %	1 x
Leber[1]	10–15 %	2 x (möglichst Geflügel, Lamm, Kalb, selten Rind)
Innereien (sonstige)	10–15 %	1 x
Knochen (roh)		1–2 x
Milchprodukte	10 %	2 x
(bei fleischloser Fütterung	40–50 %	5–7 x)
Eier	1–2 Stück	1–2 x
(bei fleischloser Fütterung	1–2 Stück	2–3 x)
Gemüse	15–20 %	täglich
(bei getreidefreier Fütterung	30 %	täglich)
Früchte	5 %	täglich
Getreide	5–10 %	2–3 x
Hülsenfrüchte	5–10 %	alle 2–3 Wochen
(bei fleischloser Fütterung	40 %	5 x)
Vitamin-E-haltiges Öl (Weizenkeimöl, Distelöl)	½–1 TL je nach Größe	4 x
Tierisches Öl (Lebertran, Lachsöl, Dorschöl)	½–1 TL je nach Größe	2–3 x
Seealgenmehl	0,5–1 g je nach Größe	täglich
Bierhefe	½–1 TL je nach Größe	2 x
Salz (naturbelassenes Meersalz oder Steinsalz)	1 Msp.	1 x

1 Enthält Schadstoffe, Überversorgung mit Vitamin A (Vergiftung) möglich. Vor allem Rinderleber wirkt abführend.

Feines für den Hund: die Rezepte

Nachfolgend finden Sie viele Rezepte, die leicht zu kochen sind und Ihrem Hund sicherlich schmecken werden. Natürlich haben auch Tiere ihren eigenen Geschmack, ihre Vorlieben und Abneigungen. Bitte nehmen Sie darauf Rücksicht, die verwendeten Gemüse- oder Fruchtsorten können jederzeit durch andere ersetzt werden. Achten Sie allerdings auf sich dadurch eventuell leicht ändernde Kochzeiten.

Hinsichtlich der Futterumstellung weisen wir nochmals auf Seite 11 hin. Bitte wechseln Sie nicht zu oft das Futter, besonders wenn Ihr Hund einen empfindlichen Magen hat.

Fleisch und Fisch haben wir sowohl beim Metzger, im Discountmarkt, im Supermarkt und aus der TK-Truhe im Tierfachhandel gekauft. Die Kilogrammpreise bewegen sich in der Regel zwischen 5 und 10 Euro (Ausnahme Reh und Kaninchen, die waren etwas teurer). Achtet man auf die wöchentlichen Angebote, kann man sogar Kalbfleisch (das viele Hunde besonders gern mögen) für unter 10 Euro bekommen.

Ob und wie sehr das fertig gekochte Futter dann zerkleinert wird, entscheiden Sie selbst (bzw. Ihr Hund), denn das ist individuell verschieden. Schlingt der Hund sein Essen gerne extrem schnell hinunter, kann eine Mischung aus püriertem und gröberem Futter eine Lösung sein, oder man mischt extrem viel Flüssigkeit unter, sodass er es wie eine Suppe schlürfen muss. Es gibt im Handel auch spezielle Näpfe für Schnellesser, die die Futteraufnahme automatisch verlangsamen. Grundsätzlich könnte jedoch auch großer Hunger der Auslöser sein für zu schnelles Essen (das dann oft anschließend wieder hochgewürgt wird), da würden sich kleinere Zwischenmahlzeiten in Form von Gemüse- oder Fruchthäppchen anbieten.

Am besten bekömmlich ist Futter, das nicht direkt aus dem Kühlschrank gegeben wird. Lassen Sie vorbereitetes Futter am besten 30 Minuten lang Zimmertemperatur annehmen. Alternativ dazu kann man auch etwas (ungesalzene) Fleisch- oder Gemüsebrühe in einem kleinen Töpfchen anwärmen und unter das Futter mischen. Eine Züchterin, von der wir einen Welpen abholten, meinte einmal zu Charly: »Einmal am Tag warmes Essen für den Hund muss schon sein.«

Sorgen Sie nach dem Essen für Ruhe (zum Verdauen), das kann der gefürchteten Magendrehung vorbeugen. Ein bis zwei Stunden danach (je nach Rasse) kann Ihr Liebling gerne wieder toben.

REZEPTE MIT FLEISCH & FISCH

Alle Fleischteile sollen nach dem Dämpfen oder Braten durchgegart sein. Bitte kontrollieren Sie dies, sonst lassen Sie sie noch ein paar Minuten nachkochen. Bei Stücken, die mit Knochen gekocht werden, kann dies durch unterschiedlich große und dicke Fleischteile nötig sein.

Ergänzen Sie die Mahlzeit jeweils mit kalt gepresstem Pflanzenöl, Bierhefe etc. oder einem Booster nach Bedarf (siehe Futterergänzung, Seite 84/85, und selbst gemachte Booster, Seite 86-92).

Nicht benötigte Mengen am besten in ein beschriftetes Schraubglas abfüllen und im Kühlschrank bis maximal vier Tage lang aufbewahren oder gleich einfrieren.

Wichtig: Wird Hackfleisch gekocht, sammeln sich viele Reste auch unter dem Messer an, die gefährliche Keime enthalten können, wenn sie nicht entfernt werden. Nach dem Kochen also immer den Mixtopf auseinanderbauen und das Messer am besten mit einer Spülbürste dort reinigen.

Verwenden Sie tiefgekühltes Fleisch, Fisch oder Gemüse, sollten Sie es nach dem Garen auf keinen Fall wieder einfrieren. Frische Ware dagegen kann bedenkenlos einige Wochen als Vorratsportion in den Gefrierschrank gegeben werden.

Hühnchenschenkel mit Zucchini und Kartoffeln

Für 600 g Futter (ohne Fleischsaft)
Vorbereitungszeit 10 Min.
Garzeit (mit Nachziehzeit) 70 Min.

700 g Wasser
1 Salbeitriebspitze (wenn vorhanden)
1 Prise Steinsalz
900 g Hühnerschenkel mit Unterschenkel
100 g Zucchini
100 g Biokartoffeln

Die Hühnerschenkel ergeben gekocht ohne Haut und Knochen eine Reinfleischmenge von etwa 350 g. Den Fleischsaft evtl. extra in ein Gläschen füllen und kalt stellen. Ergibt ein schönes Jelly, nach Wunsch noch mit restlichen Fleisch- und Gemüsestückchen, und hält sich 4 Tage im Kühlschrank.

1. Wasser in den Mixtopf einwiegen, Salz und Salbei zugeben.
2. Hühnerschenkel mit kaltem Wasser abwaschen, die Unterschenkel mit einem scharfen Messer abtrennen. Den Varoma mit 1 Blatt Backpapier auslegen, die Schenkelstücke möglichst nebeneinander hineinlegen. Das Backpapier nach oben ziehen, sodass der Fleischsaft sich darin beim Dämpfen sammeln kann.
3. Zucchini und Kartoffeln waschen, in Scheiben schneiden. Kartoffeln brauchen nicht geschält zu werden, wenn sie aus biologischem Anbau sind (viele Vitamine sitzen direkt unter der Schale).
4. Gemüse in den Varoma-Einlegeboden legen, diesen auf den Varoma setzen, mit dem Deckel verschließen. Den gesamten Varoma-Aufbau dann auf den geschlossenen Mixtopf setzen und **55 Min./Varoma/ Stufe 2** dämpfen.
5. Ausschalten und 10–15 Minuten lang nachruhen lassen.
6. Die Haut von den Hähnchenstücken abziehen und das Fleisch von den Knochen lösen. Fleisch mit dem Gemüse kleinschneiden, je nach benötigter Menge in den Napf füllen.

Lamm mit Süßkartoffel-Apfelstampf

Für 600 g Futter
Vorbereitungszeit 10 Min.
Garzeit 40–45 Min.

500 g Lammfleisch ohne Knochen, evtl. TK, aufgetaut
600 g Wasser
1 Prise Steinsalz
120 g Süßkartoffeln
50 g Apfel
1 EL Kokosöl

1. Lammfleisch mit kaltem Wasser abspülen. In Würfel von etwa 0,5–2 cm Größe schneiden (je nach Vorliebe Ihres Hundes). In den Garkorb schütten.
2. Wasser in den Mixtopf einwiegen, Salz zufügen. Garkorb einsetzen, mit dem Deckel verschließen und Fleisch **15 Min./Varoma/Stufe 1/mit MB** kochen.
3. Süßkartoffeln waschen, schälen (außer wenn Sie Bioware verwenden) und in große Stücke schneiden, auf das Fleisch geben. Deckel aufsetzen und alles **25 Min./Varoma/Stufe 1** dämpfen.
4. Prüfen, ob Fleischstücke und Süßkartoffeln weich sind, sonst 5 Minuten lang weitergaren.
5. Apfel schälen (wenn es keine Bioware ist), in Stücke schneiden und beiseitestellen.
6. Garkorb herausnehmen, Wasser ausschütten und auffangen.
7. Süßkartoffeln, Kokosöl und Apfelstücke im Mixtopf **10 Sek./Stufe 6/mit MB** mixen (evtl. etwas frisches Wasser zufügen).
8. Stampf mit dem Lammfleisch und dem aufgefangenen Fleischsud gemischt füttern. Nicht benötigtes Futter möglichst noch heiß in ein Glas abfüllen und innerhalb von 3 Tagen (Kühlschrank) verbrauchen.

Lammfleisch riecht beim Garen manchmal unangenehm intensiv – dafür wird Ihr Hund es sicherlich lieben! Wir bereiten es nicht im Haus zu, sondern transportieren den Thermomix® dafür auf den Balkon bzw. die Terrasse, dann schleichen die Hunde zwar dauernd um ihn herum, dafür wird aber unsere Nase geschont.

Hühnchenschmaus mit Gemüse

Für 800 g Futter
Vorbereitungszeit 10 Min.
Garzeit 20 Min.

400 g Hühnchenbrust
100 g Pastinaken
150 g Brokkoli
2 EL Sonnenblumen- oder Kokosöl
50 g Ebly Weizenkörner
300 g Fleischbrühe (oder Wasser)
1 EL gehackte gemischte Kräuter

1. Fleisch mit kaltem Wasser abspülen, abtropfen lassen und in 1 cm große Stücke schneiden.
2. Pastinaken und Brokkoli waschen, schälen, in etwa 3 cm große Stücke schneiden. Im Mixtopf **10 Sek./Stufe 5/mit MB** zerkleinern, mit dem Spatel nach unten schieben.
3. Restliche Zutaten bis auf die Kräuter zugeben und **20 Min./120 °C/Stufe 2/Linkslauf/mit MB** kochen. Nach 5 Minuten eventuell am Messer klebende Fleischstücke mit dem Spatel lösen (Achtung, sehr heiß!), dann weiterkochen lassen.
4. Kräuter untermischen und Hühnchenschmaus lauwarm oder abgekühlt füttern.
5. Nicht benötigte Mengen noch heiß in Schraubgläser abfüllen und einfrieren oder innerhalb von 3 Tagen aufbrauchen.

Pizza Canisia

Für 700 g Futter
Vorbereitungszeit 5 Min.
Garzeit 60–70 Min.

500 g Rinderhackfleisch
70 g Magerquark
250 g Vollkornhaferflocken
1 Ei
1 Msp. Salz
1 EL kalt gepresstes Öl

1. Backofen vorheizen auf 180 °C Umluft. Ein Backblech mit Backpapier belegen.
2. Alle Zutaten in den Mixtopf geben und **1.30 Min./Teigstufe/mit MB** vermengen.
3. Auf das belegte Backblech schütten und etwa 1 cm dick ausstreichen.
4. Mit einem Teigroller hundegerechte Stücke vorschneiden, aber das Backpapier dabei nicht zerschneiden. Pizza 60–70 Minuten auf der mittleren Schiene im Ofen backen.
5. Lauwarm füttern, Reste innerhalb von 3 Tagen aufbrauchen oder sofort einfrieren.

Bei Nierenleiden oder Übergewicht des Hundes das Rinderhackfleisch durch Puten- oder Hühnerhackfleisch ersetzen, das hat weniger Fett und ist auch purinärmer.

Putenschenkel mit Karotten-Quinoa-Gemüse

Für 400 g Futter
Vorbereitungszeit 10 Min.
Garzeit (mit Nachziehzeit) 60 Min.

120 g Karotten
30 g Quinoa
700 g Wasser
1 Prise Meersalz
500 g Putenschenkel (1 Stück)
1 EL Olivenöl Extra Vergine

1. Karotten waschen, putzen, schälen (außer Bioware). Im Mixtopf **5 Sek./Stufe 6/mit MB** hacken, dann in den Varoma-Einlegeboden füllen. Quinoa in ein Sieb geben, mit kaltem Wasser durchspülen, zu den Karotten geben und leicht vermischen.
2. Wasser und Salz in den Mixtopf geben. Deckel darauflegen, Varoma aufsetzen.
3. Putenschenkel abwaschen, Haut abziehen, mit einem scharfen Messer das Fleisch von mehreren Seiten einschneiden (wird dann schneller gar).
4. Ein Blatt Backpapier in den Varoma legen, den Putenschenkel daraufgeben und in das Papier so einwickeln, dass sich der Bratensaft beim Dämpfen darin sammelt.
5. Einlegeboden mit der Karotten-Quinoa-Mischung einsetzen, mit dem Deckel verschließen und nun **50 Min./Varoma/Stufe 2** dämpfen.
6. 10 Minuten lang auf dem Mixtopf nachziehen lassen, Öl auf die Karotten geben.
7. Den Putenschenkel herausnehmen und das Fleisch abschneiden. Dabei darauf achten, dass die knochenähnlichen langen festen Sehnenstücke entfernt werden (könnten Verletzungen im Maul hervorrufen, sind ähnlich wie Gräten).
8. In hundegerechte Stücke schneiden und mit dem Karotten-Quinoa-Gemüse gemischt füttern.

Der Putenschenkel ergibt gekocht ohne Haut und Knochen eine Reinfleischmenge von 250 g. Das Rezept lässt sich auch in der doppelten oder dreifachen Menge herstellen.

Lammschmaus mit Reis

Für 650 g Futter
Vorbereitungszeit 15 Min.
Garzeit 45 Min.

100 g Karotten
100 g Zucchini
1 EL Rapsöl
500 g Lammhackfleisch, evtl. TK, aufgetaut
3 MB Wasser
50 g Reis
Evtl. 1 TL gehackte Petersilie

1. Karotten und Zucchini waschen, schälen (nicht bei Bioware), in Stücke schneiden, im Mixtopf **5 Sek./Stufe 4/mit MB** hacken, in eine Schüssel umfüllen.
2. Öl in den Mixtopf geben und **1 Min./100 °C/Stufe 0.5/ohne MB** erhitzen.
3. Dann **5 Min./Varoma/Stufe 2/MB** einschalten, dabei das Hackfleisch portionsweise direkt über das Messer hineinfallen lassen. Wenn alles im Mixtopf ist, auf **Linkslauf** umstellen und Geschwindigkeit auf **Sanftrührstufe** reduzieren.
4. 3 MB Wasser zugeben sowie den Reis einwiegen, **30 Min./Varoma/Sanftrührstufe/Linkslauf/mit aufgesetztem Garkorb** kochen.
5. Gehacktes Gemüse und Petersilie zugeben und nochmals **5 Min./Varoma/Sanftrührstufe/mit MB** garen.
6. Benötigte Portion wegnehmen und auskühlen lassen, restliche Menge heiß in Schraubgläser abfüllen und einfrieren oder innerhalb von 3 Tagen aufbrauchen.

Wer den Geruch von Lammfleisch gar nicht mag, kann dieses Gericht natürlich auch mit Rinderhackfleisch oder gemischtem Hack von Schwein und Rind zubereiten. Ansonsten den Thermomix® einfach auf den Balkon oder die Terrasse tragen und dort kochen.

Kalbfleischtopf

Für 500 g Futter
Vorbereitungszeit 15 Min.
Garzeit 25 Min.

120 g Zucchini
60 g Karotte
500 g Kalbfleisch (aus der Keule)
30 g Kokosöl (oder Sonnenblumenöl)

1. Zucchini und Karotte waschen, Karotte schälen, alles vierteln und im Mixtopf **5 Sek./Stufe 5/mit MB** hacken, in eine Schüssel umfüllen.
2. Fleisch waschen, trockentupfen, überschüssiges Fett und Haut entfernen (je nach Kaufreudigkeit Ihres Hundes). In 1 cm große Würfel schneiden. Mit dem Kokosöl in den Mixtopf geben.
3. Fleisch **5 Min./Varoma/Stufe 1/Linkslauf/ohne MB** braten, dann **10 Sek./Stufe 5/mit MB/Rechtslauf** hacken, dann **5 Min./Varoma/Stufe 1/Linkslauf/ohne MB** braten.
4. Gemüsehäcksel zugeben und alles **15 Min./Varoma/Stufe 1/Linkslauf/ohne MB** fertig garen.
5. Kalbfleischtopf etwas abgekühlt füttern.
6. Nicht benötigte Mengen noch heiß in Schraubgläser abfüllen und einfrieren oder innerhalb von 3 Tagen aufbrauchen.

Leberpastete

Für ca. 350 g Pastete
Vorbereitungszeit 5 Min.
Garzeit 20 Min.

400 g Hühnerleber (oder Putenleber), frisch
60 g Kokosöl
1 Prise Steinsalz

Als leckeren und gesunden Zusatz (aufgetaut) 1–2 x pro Woche in das Futter geben. Vor allem wenn man kleinere Hunde hat, ergibt sich immer das Problem, dass man eine größere Menge Leber kaufen muss, als man frisch verbrauchen kann. Gerade hier ist diese »Pastete« besonders praktisch. Größere Hunde lieben sie als Häppchen zwischendurch.

1. Die Leber in den Gareinsatz schütten und mit kaltem Wasser gründlich spülen. Mit einem Küchentuch etwas trockentupfen, dann in Stücke schneiden.
2. Das Kokosöl in den Mixtopf wiegen und **3 Min./100 °C/Stufe 1/ohne MB** erhitzen.
3. Leberstücke zugeben und **15 Min./100 °C/Stufe 1/ohne MB** garen. Ein paar Körnchen Salz zugeben.
4. Nachkontrollieren, ob die Leber durchgegart ist. Dann **6 Sek./Stufe 7/mit MB** mixen.
5. Pastete in eine saubere Eiswürfelform streichen und einfrieren. Die gefrorenen Würfel nach 4 Stunden in einen Gefrierbeutel umfüllen und beschriften.
6. Was nicht mehr in die Eiswürfelform passt, kann man mit der/den nächsten Mahlzeit/en vermischt verfüttern.

Rehgulasch

Für 800 g Futter
Vorbereitungszeit 10 Min.
Garzeit 55 Min.

1000 g Wasser
500 g Rehgulasch, frisch oder TK, aufgetaut
100 g Karotten (oder Pastinaken, Petersilienwurzeln oder Kürbis)
100 g Kohlrabi
50 g rote Paprika
1 MB Wasser (oder Fleischbrühe)

1. Wasser in den Mixtopf einwiegen.
2. Fleisch abwaschen, evtl. kleiner schneiden. In einen Bogen Backpapier wickeln, sodass austretender Fleischsaft aufgefangen wird, und in den Varoma legen. Mit dem Deckel verschließen, auf den Mixtopf aufsetzen und **20 Min./Varoma/Stufe 1** garen.
3. Karotten, Kohlrabi und Paprika waschen, putzen, in 2 cm große Stücke schneiden.
4. Gemüse in den Varoma neben das Fleisch geben und alles nochmals **30 Min./Varoma/Stufe 1** dämpfen.
5. Beim Herausnehmen des Fleisches aufpassen, dass das Backpapier nicht zerreißt oder beschädigt wird, damit der feine Fleischsaft ebenfalls verwendet werden kann.
6. Kochwasser ausschütten, Gemüse und 1 MB Wasser (oder Fleischbrühe) im Mixtopf **5 Sek./Stufe 5/mit MB** hacken, dann **3 Min./Varoma/Stufe 2/mit MB** aufkochen lassen.
7. Fleisch und Fleischsaft zugeben und mit dem Spatel mischen. Nach Wunsch auch **10 Sek./Stufe 6/mit MB** mixen.
8. Rehgulasch lauwarm oder ausgekühlt füttern, nicht benötigtes Futter noch heiß in ein großes Schraubglas füllen und innerhalb von 3 Tagen verbrauchen (im Kühlschrank lagern) oder einfrieren.

Huhn mit Gemüse

Für 1,2 kg Futter
Vorbereitungszeit 5 Min.
Garzeit 35 Min.

- 200 g Karotten
- 150 g Petersilienwurzeln
- 400 g Fleischbrühe
- 500 g Hühnerhackfleisch (oder Putenhackfleisch)
- 1 Prise Steinsalz
- 1 TL getrocknete Kräutermischung

1. Karotten und Petersilienwurzeln waschen, putzen, schälen (Bioware nicht schälen) und vierteln. Stücke in den Mixtopf geben und **12 Sek./Stufe 6/mit MB** hacken. Mit dem Spatel nach unten schieben und Vorgang wiederholen.
2. Brühe zugeben und Gemüse **10 Min./90 °C/Stufe 1/ohne MB** garen.
3. Hühnerhackfleisch zufügen und **5 Sek./Stufe 5/Linkslauf/mit MB** mischen, dann **20 Min./90 °C/Stufe 3/Linkslauf/mit MB** köcheln.
4. Salz und Kräuter zugeben, nochmals **1 Min./Stufe 2/mit MB** rühren.
5. Benötigte Mahlzeit abmessen, restliche Menge sofort in Schraubgläser abfüllen, verschließen und auf den Kopf stellen. Wenn ein Vakuum entstanden ist (beim Abkühlen hört man »klick«), halten sich diese Gläschen im Kühlschrank bis zu 10 Tage.

Rindergulasch mit Steckrüben

Für 3 kg Futter
Vorbereitungszeit 15 Min.
Garzeit 45 Min.

- 2 kg Rindergulasch
- 1 kg Steckrüben
- 1000 g Wasser
- 3 EL kalt gepresstes Öl

Die Portion ist für große Hunde oder zum Bevorraten im Gefrierschrank.

1. Fleisch mit kaltem Wasser spülen, in einem Sieb abtropfen lassen. Falls Ihr Hund die Fleischstücke kleiner als vorgeschnitten frisst, diese noch etwas zerteilen. In den Varoma füllen.
2. Steckrüben waschen, schälen, putzen, in 1 cm große Stücke schneiden. Im Mixtopf **10 Sek./Stufe 6/mit MB** hacken. Dann gleichmäßig in den Varoma-Einlegeboden verteilen.
3. Wasser in den Mixtopf einwiegen, Varoma aufsetzen, Fleisch **25 Min./Varoma/Stufe 1** dämpfen.
4. Einlegeboden jetzt erst in den Varoma setzen und alles nochmals **20 Min./Varoma/Stufe 1** fertig garen.
5. Fleisch, Steckrüben und Öl in einer Schüssel miteinander mischen, benötigte Ration zur Seite stellen.
6. Restliches Futter noch heiß in Gläser abfüllen und mit dem Kochwasser auffüllen, sodass alles bedeckt ist. Hält sich gut verschlossen 5–6 Tage im Kühlschrank.

Kanincheneintopf mit Süßkartoffeln und Feldsalat

Für 550 g Futter
Vorbereitungszeit 10 Min.
Garzeit 25–30 Min.

400 g Kaninchenrücken, frisch oder TK, aufgetaut
120 g Süßkartoffeln
1 EL Kokosöl
120 g Wasser (oder ungesalzener Fleischfond)
30 g Feldsalat
1 EL Naturjoghurt

Soll die Portion aufgeteilt oder aufgehoben werden, kommen Feldsalat und Joghurt erst vor dem Füttern dazu!

Hat der Hund Probleme mit Verdauung oder Zähnen, dann das gebratene Fleisch mit den Süßkartoffeln vor dem Umfüllen **6 Sek./Stufe 7/mit MB** mixen.

1. Kaninchenfleisch wunschgemäß würfeln.
2. Süßkartoffeln schälen und vierteln.
3. Kokosöl im Mixtopf **1 Min./100 °C/Stufe 1/ohne MB** erhitzen.
4. Süßkartoffeln zugeben und **4 Sek./Stufe 5/mit MB** hacken.
5. Fleischwürfel und Wasser (bzw. Fond) zugeben und **25 Min./100 °C/Stufe 0.5/ohne MB** braten.
6. Testen, ob das Fleisch durchgebraten ist (je nach Größe der Stücke), evtl. nochmals 5 Minuten nachgaren. Mischung in eine Schüssel umfüllen und auskühlen lassen.
7. Den Feldsalat gründlich waschen und fein hacken (evtl. im Mixtopf **5 Sek./Stufe 5/mit MB**).
8. Joghurt unterrühren und alles zum Fleisch geben, gründlich mischen.
9. Eintopf sofort, wenn er etwas abgekühlt ist, verfüttern.

Lieblingsklößchen

Für ca. 1 kg Futter (ca. 30 Stück)
Vorbereitungszeit 20 Min.
Garzeit 30 Min.

70 g Dinkelvollkornflocken
350 g Karotten
200 g Pastinaken
500 g Rinderhack (oder Puten- oder Lammhackfleisch)
1 Ei
1000 g Wasser

1. Dinkelflocken im Mixtopf **10 Sek./Stufe 5/mit MB** mahlen, in eine Schüssel umfüllen.
2. Karotten und Pastinaken waschen, schälen (Bioware nicht schälen), in je 4 Stücke schneiden. Gemüse im Mixtopf **5 Sek./Stufe 5/mit MB** hacken, mit dem Spatel nach unten schieben und Vorgang wiederholen.
3. Hackfleisch mit den restlichen Zutaten (außer dem Wasser) in den Mixtopf geben und **1 Min./Teigstufe/mit MB** vermischen (alternativ alles in eine Schüssel geben und mit den Händen verkneten).
4. Aus dem Fleischteig 2–3 cm große Klößchen formen und in den Varoma setzen.
5. Wasser in den Mixtopf einwiegen, Varoma aufsetzen, mit dem Deckel verschließen und Klöße **30 Min./Varoma/Stufe 1** dämpfen.
6. Etwas abgekühlt füttern, nicht benötigte Futtermenge noch heiß in Gefrierbeutel oder Dosen füllen, einfrieren oder innerhalb von 3 Tagen verbrauchen.

Hühnchen-Hirse-Topf

Für 500 g Futter
Vorbereitungszeit 5 Min.
Garzeit 30 Min.

30 g Hirse
500 g Wasser
400 g Hühnerfilet
100 g Karotten
30 g Erbsen (TK)
2 EL kalt gepresstes Öl
1 TL gehackte Petersilie

1. Hirse mit klarem Wasser spülen, durch ein Sieb schütten.
2. Wasser in den Mixtopf einwiegen, Varoma aufsetzen, 1 Bogen Backpapier einlegen.
3. Hühnerfleisch mit kaltem Wasser abwaschen, in hundgerechte Stücke schneiden, auf das Backpapier setzen.
4. Karotten waschen, putzen, schälen (Bioware muss nicht geschält werden), im Mixtopf **5 Sek./Stufe 5/mit MB** hacken.
5. Erbsen und Hirse zugeben und **5 Sek./Stufe 3/mit MB** mischen. Mischung über die Fleischstücke verteilen.
6. Mit dem Varoma-Deckel verschließen und **30 Min./Varoma/Stufe 1** dämpfen.
7. Öl und Petersilie zugeben, alles zusammen mit dem Fleischsud (aufpassen beim Herausheben, dass das Backpapier nicht reißt) in eine Schüssel geben und mischen.
8. Nicht benötigtes Futter noch heiß in Gläser füllen. Hält sich gut verschlossen 3 Tage im Kühlschrank.

Kalbsboller

Für 600 g Futter
Vorbereitungszeit 10 Min.
Garzeit 25 Min.

500 g Kalbfleisch (Braten, Semmerrolle etc.)
150 g Petersilienwurzeln (oder Pastinaken oder Karotten)
70 g Vollkornhaferflocken
70 g Quinoa
1 Ei
25 g Kokosöl

1. Kalbfleisch waschen, leicht trockentupfen, zu viel Fett und Haut entfernen, in 1 cm große Stücke schneiden. Petersilienwurzeln waschen, putzen, schälen (Bioware nicht schälen), vierteln, im Mixtopf **10 Sek./Stufe 5/mit MB** hacken, mit dem Spatel nach unten schieben.
2. Restliche Zutaten zugeben, **20 Min./Varoma/Stufe 1/Linkslauf/ohne MB** garen. Nach 5 Minuten hängen gebliebenes Fleisch mit dem Spatel vom Messer streifen (Achtung, sehr heiß!). Etwas abkühlen lassen, dann alles **5 Sek./Stufe 6/mit MB** hacken. Mit dem Spatel nach unten schieben und Vorgang wiederholen. Aus der Masse 2–3 cm große Kugeln formen.
3. Lauwarm oder kalt füttern, nicht benötigte Futtermenge noch heiß in Gefrierbeuteln oder Dosen einfrieren oder in Schraubgläser füllen und innerhalb von 3 Tagen verbrauchen.

Putenauflauf superfix

Für ca. 800 g Futter
Vorbereitungszeit 5 Min.
Garzeit im Backofen 40–45 Min.

50 g Hartkäse (salzarm)
400 g Putenbrust (wenn möglich gehackt)
200 g TK-Suppengemüse
80 g Buchweizen, geschält
250 g Fleischbrühe
30 g Kokosöl (oder Pflanzenöl)

1. Backofen vorheizen auf 160 °C Umluft.
2. Hartkäse in Stücke schneiden und im Mixtopf **5 Sek./Stufe 6/mit MB** hacken, mit dem Spatel nach unten schieben und Vorgang wiederholen.
3. Putenhackfleisch (wenn Fleisch am Stück verwendet wird, vorher kleinschneiden) und die restlichen Zutaten zugeben und **2 Min./Teigstufe/ohne MB** vermischen.
4. Masse in eine gefettete Auflaufform umfüllen. Im Backofen auf der mittleren Schiene 40–45 Minuten backen. Abkühlen lassen und füttern.
5. Reste halten sich luftdicht in Frischhaltefolie verpackt 4–5 Tage im Kühlschrank.

Leberspätzle

Für 1,1 kg Futter
Vorbereitungszeit 5 Min.
Garzeit 20 Min.

350 g Rinderleber (oder Geflügel- oder Lammleber)
320 g Dinkelvollkornmehl
2 Eier
100 g Wasser
20 g Sonnenblumenöl
1 Prise Steinsalz

Noch gesünder wird die Mahlzeit, wenn man etwas gekochtes Gemüse dazugibt.

Den Hunden schmecken die Spätzle besonders gut in angewärmter Fleischbrühe.

1. Die Leber im Gareinsatz mit Wasser sauber spülen, mit einem Küchentuch trocknen.
2. In grobe Stücke schneiden und im Mixtopf **10 Sek./Stufe 8/mit MB** pürieren. Mehl, Eier, Wasser und Öl zugeben und Teig **2 Min./Teigstufe/mit MB** kneten.
3. In der Zwischenzeit einen größeren Topf zu ¾ mit Wasser füllen, das Salz zugeben und Wasser zum Kochen bringen.
4. Sobald das Wasser kocht, den Leberspätzleteig portionsweise mit einem Spätzlehobel in das Wasser schaben.
5. Spätzle 1 Minute lang wallend kochen lassen, dann mit einem Sieb herausheben und in eine Schüssel mit kaltem Wasser geben. Portionsweise arbeiten, bis der Teig aufgebraucht ist.
6. Die Spätzle können sofort verfüttert werden.
7. Im Kühlschrank halten sie sich 3 Tage lang, Reste am besten einfrieren.

Fischtag

Für 550 g Futter
Vorbereitungszeit 5 Min.
Garzeit 35 Min.

300 g Seelachsfilet (oder Kabeljau)
100 g Fenchel
100 g Süßkartoffel
500 g Wasser
1 Prise Steinsalz
2 EL kalt gepresstes Öl
50 g körniger Frischkäse (oder Quark)

Neigt Ihr Hund zu weichem Stuhlgang oder verbraucht er relativ viel Energie, können Sie zusätzlich 1–2 EL Haferflocken untermischen.

1. Seelachs mit kaltem Wasser abwaschen, auf Gräten untersuchen, in einen Bogen Backpapier einwickeln und in den Varoma-Aufsatz legen.
2. Fenchel waschen, putzen, in 1 cm dicke Scheiben schneiden und neben den Seelachs legen.
3. Süßkartoffel waschen, schälen, in ½ cm dicke Scheiben schneiden, zum Fenchel geben.
4. Wasser in den Mixtopf einwiegen und Salz zugeben.
5. Mit dem Deckel verschließen, Varoma und Varoma-Deckel aufsetzen. **23 Min./Varoma/Stufe 1/Linkslauf kochen.** Fisch vorsichtig aus dem Varoma heben und in Stücke schneiden.
6. Wasser abschütten, Fenchel mit Süßkartoffeln, dem Öl und dem Frischkäse im Mixtopf **5 Sek./Stufe 5/mit MB** hacken.
7. Fisch zugeben und nochmals **10 Sek./Stufe 5/mit MB** hacken (weil sich im Seelachs gerne noch Grätenreste verstecken), lauwarm oder abgekühlt servieren.
8. Reste einfrieren oder innerhalb von 2 Tagen aufbrauchen.

Zartes Forellchen im Napf

Für 650 g Futter
Vor- und Nachbereitungszeit 10 Min.
Garzeit 30 Min.

200 g Karotten
50 g Buchweizen, ungeschält
650 g Wasser
500 g Forellen (= 2 Stück, ausgenommen, frisch oder TK, aufgetaut)
1 EL gehackte Petersilie
2 EL kalt gepresstes Öl

Die Forellen ergeben gekocht mit Haut, ohne Gräten, Kopf und Schwanz eine Reinmenge von etwa 360 g. Größere Hunde dürfen natürlich auch die Köpfe mitfuttern, wenn sie das mögen.

1. Karotten waschen, putzen, schälen (Bioware braucht nicht geschält zu werden) und in Stücke schneiden. Im Mixtopf **5 Sek./Stufe 8/mit MB** hacken. In den Varoma-Einlegeboden umfüllen.
2. Buchweizen im Garkorb mit klarem Wasser gründlich spülen, dann in den Mixtopf schütten. Wasser einwiegen, **8 Min./100 °C/Stufe 1.5/Linkslauf/mit aufgesetztem Garkorb** kochen.
3. Forellen mit klarem Wasser gründlich abspülen. Auf jeweils einen Bogen Backpapier legen. Mit der Petersilie bestreuen und füllen. Jeweils mit 1 EL Öl beträufeln. Backpapier zusammenfalten, sodass austretende Flüssigkeit aufgefangen wird. Die Forellenpäckchen in den Varoma legen, den Einlegeboden mit den Karotten aufstecken, mit dem Deckel verschließen und auf den Mixtopf aufsetzen, **19 Min./Varoma/Stufe 1.5** garen.
4. Buchweizen mit klarem Wasser gründlich spülen, bis der Schleim entfernt ist.
5. Forelle entgräten, Kopf und Schwanz abschneiden, Fleisch und Haut mit einer Gabel in Stücke zerteilen.
6. Fisch, Karotten und Buchweizen miteinander mischen und füttern.
7. Eventuelle Reste halten sich im Kühlschrank 2 Tage.

Lachs mit Nudeln

Für 700 g Futter
Vorbereitungszeit 5 Min.
Garzeit 25 Min.

- 300 g Lachs oder Wildlachs, frisch
- 100 g Zucchini
- 500 g Wasser
- 1 Prise Steinsalz
- 30 g Vollkornnudeln

Der Lachs ist so lecker, da kann auch das Herrchen/Frauchen mitfuttern ...

1. Lachs mit kaltem Wasser abwaschen, auf Gräten untersuchen, in einen Bogen Backpapier einwickeln und in den Varoma-Aufsatz legen.
2. Zucchini waschen, in 1 cm dicke Scheiben schneiden und neben den Lachs legen.
3. Wasser in den Mixtopf einwiegen, Salz zugeben. Mit dem Deckel verschließen, Varoma und Varoma-Deckel aufsetzen. **12 Min./Varoma/Stufe 1** kochen.
4. Varoma herunterheben (Vorsicht, heiß!) und beiseitestellen. Nudeln in das Wasser einwiegen und Varoma wieder aufsetzen. **13 Min./Varoma/Stufe 1/Linkslauf** kochen.
5. Nudeln abgießen, Fisch auslösen (die Haut kann mitverfüttert werden, wenn der Hund sie mag). Beides mit Zucchini gemischt servieren (evtl. nach Wunsch vorher im Mixtopf **4 Sek./Stufe 4/mit MB** hacken).
6. Reste einfrieren oder innerhalb von 2 Tagen aufbrauchen.

REZEPTE OHNE FLEISCH

Vegetarische Kost ist ideal als Schonkost bei Durchfall oder Magenverstimmung, auch wenn der Hund wieder einmal beim Spaziergang etwas gefressen hat, was ihm nicht bekommt. Ebenso dienen die unten aufgeführten Mahlzeiten wunderbar zwischendurch als Abwechslung statt einer Fleisch- oder einer rohen Mahlzeit, sie sind ausgewogen und gesund.

Wer seinen Hund ganz auf vegetarische Kost umstellen will, muss dies langsam und in kleinen Mengen tun. Nur bei guter Verträglichkeit verringern Sie den Fleischanteil so lange, bis nichts mehr davon im Napf landet.

Ihr Hund muss auch mit vegetarischer Nahrung glücklich und fit sein. Kommt er Ihnen weniger aktiv vor, sollten Sie Ihren Tierarzt zurate ziehen und das Ganze noch einmal überdenken. Es kann ihm auch an wichtigen Nährstoffen mangeln, die er zusätzlich benötigt, wie Calcium, L-Carnitin bzw. Taurin (zur Gesunderhaltung des Herzens) oder Vitamin D. Bekommt ihm jedoch alles gut und er frisst seine neuen Mahlzeiten mit Appetit, genügt eigentlich der jährliche Tierarzt-Check, sofern nichts dazwischenkommt.

Fleisch wird bei vegetarischer Hundeernährung vor allem durch Hülsenfrüchte, Milchprodukte, Eier, Körner (Vollkorn), Gemüse, Kartoffeln, hochwertiges Pflanzenöl und wenig Nüsse oder Samen ersetzt. Im Unterschied zur selbst gekochten Mischkost und zur Rohfütterung werden diese dann in wesentlich höheren Anteilen verfüttert (daher auch die langsame Umstellung).

Karotten-Hüttenkäse-Napf

Für 500 g Futter
Vorbereitungszeit 5 Min.
Garzeit 30 Min.

100 g Vollkornreis (bei Schonkost polierten Reis verwenden!)
1100 g Wasser
100 g Karotten
50 g Apfel
200 g Hüttenkäse
1 EL Leinöl

Leidet Ihr Hund unter Durchfall, müssen die Karotten (ab Nr. 3) mit 1 MB Wasser erst **7 Min./100 °C/Stufe 1/ mit MB** gekocht werden. Wenn sie abgekühlt sind, den Apfel, Hüttenkäse und das Öl zugeben, vermischen wie Nr. 4. Zum Ausgleich der Elektrolyte noch 1 Msp. Meersalz zum Futter geben.

1. Reis 1–3 Stunden lang in Wasser einlegen, er muss ganz bedeckt sein. Dann das Einweichwasser wegschütten und den Reis in den Garkorb füllen.
2. Wasser in den Mixtopf einwiegen, Garkorb einsetzen und Reis **25 Min./ 100 °C/Stufe 1.5/mit MB** weich kochen. Garkorb mithilfe des Spatels herausheben, Wasser abschütten.
3. Karotten und Apfel waschen, putzen, schälen (nicht nötig, wenn Bioware verwendet wird). In den Mixtopf geben und **7 Sek./Stufe 7/mit MB** hacken, mit dem Spatel nach unten schieben.
4. Gekochten Reis, Hüttenkäse und Leinöl zugeben und **5 Sek./Stufe 3/ mit MB** mischen.
5. Zimmerwarm füttern.

Gemüsesuppenschmaus

Für 500 g Futter
Vorbereitungszeit 5 Min.
Garzeit 20 Min.

1 Bund Suppengemüse, ca. 500 g (Sellerie, Petersilie, Karotte, ohne Lauch)
600 g Wasser oder Gemüsebrühe
1 Prise Meersalz
50 g Suppennudeln, wenn möglich mit Vollkorn
Ein paar Blätter Petersilie
2 Eier

1. Suppengemüse waschen, putzen, grob schneiden. Im Mixtopf **5 Sek./Stufe 5/mit MB** hacken, in eine Schüssel umfüllen.
2. Wasser und Salz in den Mixtopf einwiegen, Nudeln zugeben und **8 Min./100 °C/Sanftrührstufe/mit MB** kochen lassen.
3. Gehacktes Gemüse zufügen und weitere **10 Min./100 °C/Sanftrührstufe/ohne MB** köcheln.
4. Petersilie fein hacken. Eier in einer Schüssel mit einer Gabel verquirlen und in den Mixtopf geben, sobald die Brühe nicht mehr kocht.
5. Petersilie hinzufügen**, 10 Sek./Stufe 1/mit MB** mischen. Abgekühlt füttern.

Soll der Gemüsesuppenschmaus auf mehrere Portionen aufgeteilt und aufgehoben werden, gibt man die Eier erst kurz vor dem Füttern hinzu. Noch magenfreundlicher wird das Ganze, wenn man die Suppe dafür wieder leicht aufwärmt.

Frischkäse mit Apfel

Für 450 g Futter
Vorbereitungszeit 5 Min.
Zubereitungszeit 1 Min.

1 EL Sesamsamen
2 EL Haferflocken
2 EL Kokosmehl
100 g Zucchini
100 g Banane
1 Spritzer Zitronensaft
200 g Hüttenkäse

1. Sesam, Haferflocken und Kokosmehl im Mixtopf **5 Sek./Stufe 5/mit MB** hacken, mit dem Pinsel hinunterschieben, Vorgang wiederholen.
2. Zucchini waschen, Banane schälen. Beides grob zerschneiden und im Mixtopf **6 Sek./Stufe 6/mit MB** hacken.
3. Zitronensaft und Hüttenkäse zugeben und alles **10 Sek./Stufe 3/mit MB** mischen. Sofort füttern.
4. Reste nicht länger als 6 Stunden (im Kühlschrank) aufbewahren.

Sesam enthält viel gesundes Calcium, gleichzeitig aber auch ungesunde Oxalsäure. Daher sollte man ihn nicht zu oft füttern. Wechseln Sie deshalb öfter einmal zwischen Sesam und Nüssen wie Sonnenblumenkernen, Mandeln, Haselnüssen oder Kürbiskernen ab.

Kichererbsentopf

Für 560 g Futter
Vorbereitungszeit 10 Min.
+ Einweichzeit 24 Std.
Garzeit 40 Min.

100 g Kichererbsen
1500 g Wasser
100 g Brokkoli (es kann auch nur der Strunk verwendet werden)
200 g Karotten
1 TL ganze Haselnüsse
15 g Haferflocken
2 EL Rapsöl

Der Kichererbsentopf sollte erst gefüttert werden, wenn die Gewöhnung an Hülsenfrüchte positiv verlaufen ist. Zur Umstellung verwenden Sie erst einmal 30 g davon und ergänzen die Mahlzeit dafür mit 70 g Hüttenkäse oder Magerquark.

1. Kichererbsen in den Garkorb geben und mit kaltem Wasser abspülen. In eine Schüssel umfüllen und mit der doppelten Menge Wasser begießen, bis sie ganz mit Wasser bedeckt sind. 24 Stunden lang einweichen lassen. Dann Einweichwasser wegschütten, die Kichererbsen nochmals mit Wasser gründlich durchspülen und in den Gareinsatz geben.
2. Wasser in den Mixtopf einwiegen, Gareinsatz einhängen, Kichererbsen **20 Min./100 °C/Stufe 1/mit MB** kochen.
3. Brokkoli und Karotten waschen bzw. schälen (Bioware nicht schälen), putzen, in Stücke schneiden und zu den Kichererbsen in den Garkorb legen. Wasser nachfüllen, sodass alles gut bedeckt ist. **20 Min./100 °C/Stufe 1** garen. Die Kichererbsen sollen schön weich sein, sonst Kochzeit um ein paar Minuten verlängern. Garkorb mithilfe des Spatels herausheben, Wasser wegschütten.
4. Gemüse und Haselnüsse (und evtl. auch die Kichererbsen, wenn der Hund verdauungsempfindlich ist) mit 1 MB Wasser **8 Sek./Stufe 10/mit MB** mixen. Mit den Kichererbsen (falls nicht vorher gemixt), den Haferflocken und dem Rapsöl mischen und abgekühlt oder noch lauwarm füttern.

Kartoffel-Mangold-Gemüse mit Tofu

Für 500 g Futter
Vorbereitungszeit 5–10 Min.
Garzeit 25 Min.
+ Bratzeit in der Pfanne 5 Min., wenn gewünscht

- 100 g Kartoffel
- 150 g Mangold
- 1200 g Wasser
- 300 g Tofu (Natur, Bioware)
- 1 EL Rapsöl
- 1 TL gehackte Sonnenblumenkerne
- ¼ Orange

1. Kartoffel und Mangold waschen, Kartoffel schälen (nicht bei Bioware) und vierteln. Die dicken Rippen aus dem Mangold herausschneiden, die Blätter in Streifen schneiden.
2. Kartoffelstücke und Mangold in den Garkorb geben. Wasser in den Mixtopf einwiegen und das Gemüse **25 Min./100 °C/Stufe 1/mit MB** weich kochen.
3. Tofu würfeln. Wer mag, brät ihn kurz in etwas Sonnenblumenöl in einer Pfanne knusprig.
4. Kartoffeln leicht zerdrücken, mit dem Mangold mischen, Rapsöl und Sonnenblumenkerne sowie den Tofu zugeben und vermischen.
5. Die Orange schälen, in so große Stücke schneiden, wie Ihr Hund es mag, und zugeben, am besten gleich füttern.

Mangold nicht wieder aufwärmen!

Riesenblini mit extra viel Calcium

Für 350 g Futter
Vorbereitungszeit 5 Min.
Garzeit in der Pfanne 5 Min.

3 Eier
2 EL Haferflocken
40 g Buchweizenmehl (aus geschältem Buchweizen)
1 TL Weizenkleie
2 TL Sonnenblumenkerne
1 TL gehackte Mandeln
70 g gekochtes Gemüse (z. B. Brokkoli, Kartoffeln oder Karotten)
1 MB Fleischbrühe oder Wasser
3 EL Rapsöl

1. 1 Ei mit heißem Wasser gründlich abspülen. Mitsamt der Schale in den Mixtopf geben und **30 Sek./Stufe 10/mit MB** mixen.
2. Restliche Eier (ohne Schale), Haferflocken, Buchweizenmehl, Weizenkleie, Sonnenblumenkerne, Mandeln und Gemüse zugeben und **30 Sek./Stufe 9/mit MB** pürieren.
3. Fleischbrühe zugeben und nochmals **10 Sek./Stufe 6/mit MB** mischen.
4. Öl in einer Pfanne erhitzen und den Blini darin von beiden Seiten bei mittlerer Hitze jeweils etwa 2 ½ Minuten lang braten. In Stücke schneiden und etwas abgekühlt füttern.
5. Reste im Kühlschrank lagern und innerhalb von 2 Tagen verbrauchen.

REZEPTE FÜR DIE ROHFÜTTERUNG

Die unten angeführten Rezepte dienen in erster Linie als Anregung.

Frisches Gemüse kann grundsätzlich durch getrocknete Gemüse-Getreide-Flocken, die vorher eingeweicht wurden, ersetzt werden. Als Zusätze kommen Vitamin-Mineral-Pulver und Futteröle (beides vom Fachhandel) in Frage. Außerdem werden noch die rohen Knochen (siehe »Knochenfütterung« Seite 16) gegeben und regelmäßig Innereien.

Viele barfende Hundebesitzer schwören auf einen Fastentag und eine vegetarische Mahlzeit (ab Seite 52) pro Woche. Denn in der Natur bekommt der Hund bzw. Wolf auch nicht jeden Tag eine Fleischmahlzeit serviert und manchmal geht er ganz leer aus.

Wechseln Sie die verschiedenen Mahlzeiten nicht zu oft, wenn Ihr Hund etwas verdauungsempfindlich ist. Pferd, Lamm und Kaninchen werden meist auch von Allergikern sowie von Hunden mit empfindlichem Magen vertragen und sind häufig in »Sensitiv«-Futtersorten enthalten.

Bitte achten Sie darauf, dass die rohen Mahlzeiten nicht zu kalt gefüttert werden, gerade bei Hunden mit etwas empfindlichem Magen führt dies oft zu Verdauungsproblemen.

Mischen Sie nur die Menge an, die Ihr Hund auffrisst, und bewahren Sie Frischfleisch nicht länger als 2 Tage im Kühlschrank auf, Gehacktes vom Metzger am besten sofort verarbeiten.

Kaninchentopf

Für 400 g Futter
Zubereitungszeit 5 Min.

200 g Kaninchenfleisch, frisch oder TK, aufgetaut, ohne Knochen (z. B. Rücken oder Gulasch)
50 g Banane
50 g Zucchini
50 g gekochte Kartoffel
1 EL kalt gepresstes Öl
1 TL gehackte (oder gemahlene) Mandeln

Variante

50 g Rinderleber bei Schritt 2 zugeben.

1. Kaninchenfleisch kalt abwaschen, abtropfen lassen, in wunschgerechte Stücke schneiden.
2. Banane schälen, Zucchini waschen, beides in Stücke schneiden im Mixtopf **5 Sek./Stufe 5/mit MB** hacken. Zum Fleisch in eine Schüssel geben.
3. Kartoffel in Stücke schneiden und mit dem Öl, den Mandeln und dem restlichen Futter vermischen.
4. Kaninchentopf sofort füttern.

Rind im Napf

Für ca. 400 g Futter
Zubereitungszeit 10 Min.

250 g Rindfleisch (z. B. Wade, Suppenfleisch etc.)
100 g Karotten
50 g Zucchini
50 g Apfel
20 g feine Dinkelflocken
10 g Rapsöl
Ein paar Blätter junger Löwenzahn (oder Rucola, Feldsalat, Spinat)

1. Fleisch in Stücke schneiden, mitsamt Blut (falls vorhanden) in den Napf geben.
2. Karotten, Zucchini und Apfel waschen. Karotten und Apfel schälen (außer Bioware) und vierteln.
3. Gemüse und Apfelstücke im Mixtopf **5–10 Sek./Stufe 5/mit MB** hacken (je nach gewünschter Größe), Dinkelflocken und Öl zugeben und **10 Sek./Stufe 3/mit MB** mischen. Zum Fleisch geben und vermengen.
4. Löwenzahn (oder andere Blätter) grob schneiden und darübergeben.
5. Am besten sofort, spätestens am nächsten Tag verfüttern.

Gewolftes Lamm

Für 400 g Futter
Zubereitungszeit 10 Min.

30 g Feldsalat
50 g Apfel
50 g Karotte
50 g Wasser
2 EL Amarant, gepufft
1 EL Rapsöl
250 g Lammhackfleisch, frisch oder TK, aufgetaut

1. Feldsalat gründlich waschen, ausschütteln und in den Mixtopf geben.
2. Apfel und Karotte waschen und schälen (Bioware nicht schälen), jeweils dritteln, zum Feldsalat geben, Wasser einwiegen. **1 Min./Stufe 10/ mit MB** fein pürieren, spateln.
3. Amarant, Rapsöl und Hackfleisch zugeben und alles **1 Min./Knetstufe/ mit MB** mischen.

Wer Gersten- oder Weizengraspulver zu Hause hat, gibt noch knapp 1 TL dazu, das macht eine regelrechte Vitaminbombe aus diesem Futter.

Wichtig: Bitte am selben Tag verfüttern! Wer kleinere Mengen benötigt, bereitet entsprechend weniger zu.

Wildtag mit Kichererbsen und Gemüsesauce

Für ca. 400 g Futter
Zubereitungszeit 10 Min.

- 50 g Chinakohl
- 50 g Karotte
- ½ MB Wasser
- 1 EL Rapsöl
- 250 g Reh- oder Hirschfleisch, evtl. TK, aufgetaut
- 20 g gekochte Kichererbsen

1. Chinakohl und Karotte waschen, putzen, Karotte schälen (nicht nötig bei Bioware) und in 3 cm große Stücke schneiden. Mit dem Wasser und dem Öl in den Mixtopf geben und **10 Sek./Stufe 9/mit MB** mixen.
2. Rehfleisch in hundgerechte Stücke schneiden, in den Futternapf füllen (bzw. die benötigte Menge sowie evtl. vorhandenes Blut) und mit dem Gemüsebrei und den Kichererbsen vermischen.
3. Reste getrennt aufbewahren und bis zum nächsten Tag aufbrauchen.

Frisches Fleisch kann portionsweise eingefroren werden (ohne den Gemüsebrei, diesen bitte frisch mixen), bereits aufgetautes dagegen nicht mehr.

Kichererbsen auf Vorrat kochen und portionsweise einfrieren; nicht öfter als einmal pro Woche geben.

Pferdemahlzeit mit Haferbrei

Für 800 g Futter
Zubereitungszeit 10 Min.

100 g Haferflocken
250 g Fleisch- oder Gemüsebrühe
1 Prise Meersalz (nur 1 x pro Woche, sonst weglassen!)
1 TL Kokosöl
1 EL gehackte Suppenkräuter
50 g Salatblätter
400 g Pferdefleisch, evtl. TK, aufgetaut

Frisches Fleisch kann portionsweise eingefroren werden, bereits aufgetautes dagegen nicht mehr.

1. Haferflocken, Fleischbrühe, Salz und Kokosöl im Mixtopf **12 Min./90 °C/ Sanftrührstufe/Linkslauf/mit MB** kochen. Suppenkräuter einrühren, alles in eine Schüssel umfüllen und abkühlen lassen.
2. Salat waschen, ausschütteln und kleinschneiden.
3. Fleisch mit Wasser gründlich abspülen und abtropfen lassen, in hundgerechte Stücke schneiden, in den Futternapf füllen (bzw. die benötigte Menge davon) und mit dem (anteiligen) Haferbrei und dem Salat vermischen.
4. Reste getrennt aufbewahren und bis zum nächsten Tag aufbrauchen.

HIPP, HIPP, HURRA! LECKERE VOLLMAHLZEITEN AUS DEM GLAS

Was wir bereits aus der Ernährung unserer Babys und Kleinkinder kennen, werden wir nun auch für unsere Hunde umsetzen: Mahlzeiten aus dem Gläschen.

Vorteile:

- Komplette hochwertige Vollmahlzeit
- Sehr gute Akzeptanz
- Zeitersparnis
- Länger haltbar

Und das alles ist ganz einfach, Sie benötigen nur die passenden Gläser! Wir verwenden folgende:

Für den **TM5:** 350 ml, 10 cm hoch, 8 cm Durchmesser, maximal 4 Stück je »Ladung«. Bewährt haben sich geleerte Gläser aus dem Supermarkt mit in Wasser eingelegtem Zuckermais oder Erbsen bzw. Möhren.

Für den **TM31:** 200 ml, 8 cm hoch, 7 cm Durchmesser, maximal 6 Stück je »Ladung«. Erhältlich im Internet oder in der Haushaltsabteilung von Supermärkten.

Das Einkochen klappt aber auch mit den speziellen Einmachgläsern Quattro Stagioni von Bormioli (Haushaltswarengeschäft oder Internet, stabiles Glas, aber nicht ganz billig) mit Schraubdeckeln, die man nachkaufen kann, mit 150 oder 250 ml Inhalt (sowohl für TM5 als auch für TM31).

Ist die Beschichtung der Deckel beschädigt (z. B. rostig), unbedingt austauschen!

Wer ganz auf Nummer sicher gehen will, dass keine Stoffe aus der Deckelbeschichtung in das Futter gelangen, muss zu Weckgläsern greifen (mit Gummidichtring und Klammern).

Die Gläser mit kleingeschnittenem Fleisch, Gemüse und evtl. Reis, Hirse, Quinoa oder Kartoffeln und etwas Fleischbrühe oder Wasser füllen. Dann ab in den Varoma, rund 40 Minuten lang dampfen lassen. Beim Auskühlen entwickelt sich dann, sofern die Schraubgläser richtig verschlossen und die Deckel auch dicht sind, ein Vakuum, hörbar am Klicken. Wird das Gläschen später geöffnet, gibt es wieder ein Klickgeräusch (wie beim Öffnen von Marmeladengläsern). Ausnahme: wenn »richtige« Weckgläser verwendet werden, diese werden mittels Gummidichtring verschlossen.

So eingekocht und verschlossen halten sich die Hundemahlzeiten aus dem Glas im Kühlschrank bis zu 2 Wochen. Wer sie länger haltbar machen will (z. B. für den Urlaub), muss sie auch länger einkochen, worunter jedoch die Inhaltsstoffe leiden. Dies kann also immer nur eine kurzfristige und vorübergehende Lösung sein, sonst stehen Mangelerscheinungen an! Dann ist es doch besser, einmal zu Konservendosen zu greifen, wenn der Urlaub länger dauert. Denn diese werden in den Anlagen der Hersteller viel kürzer eingekocht.

Diese Komplettmahlzeiten sind aufgrund der kleinen Gläser ideal für kleinere Hunde oder für kleinere Mahlzeiten. Wer einen etwas größeren Hund hat, kann jedoch ebenfalls Gläschen einkochen: Füllen Sie diese dann ausschließlich mit Fleisch, geben Sie Wasser (oder Fleisch- bzw. Gemüsebrühe) dazu, bis alles bedeckt ist (Luftblasen entfernen, indem man das Glas leicht auf die Küchenplatte klopft), und kochen Sie das Ganze verschlossen ein. Am besten entweder eine ganze Ladung, also fünf Gläser genauso füllen und im Varoma garen und dann eine weitere Ladung Gemüse mit etwas Flüssigkeit einkochen. Oder man mischt: drei Gläser mit Fleisch und zwei Gläser mit Gemüse. Für unsere lieben Riesen ist der Aufwand erfahrungsgemäß zu hoch, denn sie »inhalieren« so ein Gläschen einfach weg ...

Nur frisches Fleisch und Gemüse zum Einmachen verwenden! Sollte der Inhalt von einem der Gläser beim späteren Öffnen nicht mehr gut riechen – weg damit!

Und so geht's

4–5 Gläser (je nach Thermomix® die 350-, 250- oder 200-ml-Varianten) sehr sauber spülen (am besten in der Spülmaschine), auch die Deckel müssen sauber und fettfrei sein!

1. Gemüse nach Wahl waschen, putzen, in 3–4 cm große Stücke schneiden, im Mixtopf **5 Sek./Stufe 10/mit MB** hacken.
2. Getreide (wenn gewünscht) nach Tabelle einwiegen (oder mehr Gemüse verwenden).
3. Frischfleisch: Hühnchenbrust, Putenbrust, Kalbfleisch, Rinderhack oder gemischtes Hack nach Tabelle kleinschneiden (außer das Hack) und zugeben.
4. Wasser oder Brühe nach Tabelle zugeben, alles nun **1 Min./Knetstufe/mit MB** mischen. Dann die Masse in eine Schüssel umfüllen, Mixtopf spülen.
5. 700 g Wasser in den Mixtopf einwiegen, Varoma aufsetzen.
6. Gläser in den Varoma stellen, jeweils bis kurz unter den Rand mit dem Futter befüllen (geht am besten mit einem Marmeladentrichter), Masse dabei gut in das Glas hineindrücken.
7. Gläser verschließen (Deckel müssen gut sitzen!).
8. Varoma-Deckel aufsetzen, Futter **40 Min./Varoma/Stufe 1** dämpfen. Danach Thermomix® ausschalten und Gläser im Varoma auskühlen lassen. Trocknen und beschriften mit Datum und Inhalt (wichtig!).
9. Im Kühlschrank lagern. Innerhalb von 1 bis maximal 2 Wochen aufbrauchen.

Inhalt	Fleisch	Gemüse	Getreide	Wasser/ klare Brühe
200 ml	115 g	30 g	5 g	30–40 g
250 ml	140 g	50 g	5–10 g	35–50 g
350 ml	200 g	70 g	5–15 g	50–70 g

Je nach Fleisch (gehackt oder geschnitten), Gemüse- oder Getreidesorte können diese Mengen leicht variieren.

Wer kein Getreide verwenden will, gibt etwas mehr Gemüse dazu.

Werden Gläser nur mit gehacktem Gemüse und Getreide eingekocht, verringert sich die Garzeit auf 35 Minuten (das Wasser im Mixtopf benötigt bereits etwa 10 Minuten, bis es dampft).

Früchte sind ungeeignet, es gehen zu viele Vitalstoffe kaputt. Lieber frisch dazufüttern oder als Snack zwischendurch!

Wer ausschließlich diese auf Vorrat eingekochten Mahlzeiten verwendet, muss regelmäßig 1 rohes Eigelb (einmal pro Woche) sowie etwas Leber zufüttern, außerdem mehrmals pro Woche etwas frisches Grünzeug wie gehackten Löwenzahn, Wildkräuter, Brennnessel, Rucola, Feldsalat, Petersilie (siehe Fütterungstabelle Seite 18/19) oder einfach einen kleinen Hundesmoothie (siehe ab Seite 69).

Außerdem gibt man kalt gepresstes Pflanzenöl oder Fischöl und Eierschalenpulver (alternativ Algenkalk) vor dem Füttern über die Portion, denn durch das Kochen werden viele Nährstoffe zerstört. Für Gläschen, die man in den Urlaub mitnimmt, ist dies ausnahmsweise erlaubt.

HUNDE-SMOOTHIES – DIE GESUNDE ZWISCHENMAHLZEIT

Smoothies, kleingemixtes Gemüse und Früchte mit einem Teil Wasser, sind seit einigen Jahren DER Hit zum Entschlacken, Entgiften, Abnehmen, aber auch zur Ergänzung der Mahlzeit mit Vitaminen garantiert natürlicher Herkunft. Die Ballaststoffe bleiben beim Mixen erhalten, werden aber so fein zerkleinert, dass selbst empfindliche Mägen (und der Verdauungstrakt des Hundes) sie gut verarbeiten können.

Jetzt erobert der Smoothie auch den Hundenapf. Als kalorienarme Vitaminbombe für den kleinen Hunger zwischendurch, zum Ersetzen einer Mahlzeit bei auf Diät gesetzten Hund oder auch als »Sauce« zum Pimpen von Trockenfutter oder anderen Hundemahlzeiten. Mit Früchten gemischt mögen ihn die meisten Hunde sehr gerne.

Soll der Smoothie eine Mahlzeit ersetzen, kann man ihn statt mit Wasser auch mit Kefir (ungezuckert), Hafer- oder Buttermilch anrühren.

Doppelte Menge mixen und die Hälfte gleich selbst trinken – das hält Hund und Frauchen/ Herrchen gesund!

Ist der Smoothie ein bisschen bitter? Der Hund hat weniger Geschmacksrezeptoren auf der Zunge als wir Menschen. Die für bitter zuständigen befinden sich am hinteren Teil der Zunge, dort schmeckt er nicht viel. Daher akzeptieren Hunde viel eher bitterere Speisen als der Mensch. Nachsüßen mit etwas Honig oder Agavendicksaft ist immer möglich, doch bitte nur wenig (zumindest die Portion für Ihren Hund).

Brokkoli und andere Kohlsorten auch im Smoothie nur gedämpft verarbeiten, sonst gibt es böse Blähungen. Zucchini und Kürbis lediglich, wenn sie nicht bitter sind (vorher testen, siehe Seite 30).

Die Zutaten der angegebenen Rezepte reichen für jeweils 200–300 ml Smoothie.

Erdbeersmoothie

80 g Erdbeeren, gewaschen
60 g Apfel, gewaschen, geschält (außer Bioware), in Stücken
40 g rote Paprika, gewaschen, geputzt, in Stücken
Ein paar Blätter Salat oder Löwenzahn, gewaschen
1 MB Wasser

Alle Zutaten außer dem Wasser in den Mixtopf geben und **30 Sek./Stufe 10 mit MB** pürieren. Wasser zugeben und Vorgang wiederholen.

Gemüsesmoothie

20 g Spinat, gewaschen
40 g Stangensellerie, gewaschen, in Stücken
80 g Papayafruchtfleisch, in Stücken
1 MB Wasser

Alle Zutaten außer dem Wasser in den Mixtopf geben (Spinat zuerst) und **30 Sek./Stufe 10/mit MB** pürieren. Wasser zugeben und Vorgang wiederholen.

Karotten-Gurken-Orangen-Smoothie

50 g Karotte, geputzt, geschält
50 g Orangenfruchtfleisch
100 g Gurke, geschält (außer Bioware)
20 g Spinat oder Feldsalat, gewaschen
½ MB Wasser
1 Spritzer Zitronensaft
1 TL Sonnenblumenöl

Alle festen Zutaten in den Mixtopf geben und **30 Sek./Stufe 10/mit MB** pürieren. Wasser, Zitronensaft und Öl zugeben und Vorgang wiederholen.

Grüner Smoothie

30 g Spinat, gewaschen
1 Kiwi, geschält, in Stücken
1 Spritzer Zitronensaft
1 Spritzer Limettensaft
50 g Beeren (z. B. Stachelbeeren, Heidelbeeren, Brombeeren), gewaschen
1 MB Wasser
Evtl. 1–2 TL Honig

Alle Zutaten außer Wasser und Honig in den Mixtopf geben und **30 Sek./Stufe 10/mit MB** pürieren. Wasser zugeben und Vorgang wiederholen. Wer mag, süßt noch mit dem Honig.

Kürbissmoothie

100 g Hokkaido-Kürbis, gewaschen, in Stücken (Bioware nicht schälen, sonst ohne Schale verwenden)
100 g Orangen- oder Mandarinenfruchtfleisch (auch mit Kernen)
½ MB Wasser
50 g Kokosmilch (ohne Konservierungsmittel oder Emulgatoren)

Kürbis und Orangenfruchtfleisch im Mixtopf **30 Sek./Stufe 10/mit MB** pürieren, mit dem Spatel nach unten schieben, auch den Deckel ausschaben. Wasser und Kokosmilch zugeben und Vorgang wiederholen.

Wildkräutersmoothie

40 g wilde, frisch gesammelte Kräuter (siehe unten)
150 g Banane, geschält, in Stücken
1 Spritzer Zitronensaft
1 ½ MB Wasser

Kräuter in den Mixtopf geben, Banane und Zitronensaft hinzugeben und **5 Sek./Stufe 10/mit MB** pürieren, mit dem Spatel nach unten schieben, auch den Deckel ausschaben. Wasser zugeben und **30 Sek./Stufe 10/mit MB** mixen.

Geeignete Wildkräuter sind: Brennnesseln (Handschuhe tragen!), Giersch, Gänseblümchen, Vogelmiere, Löwenzahn, Erdbeer-, Brombeer-, Himbeerblätter bzw. -triebe (nur sehr junge verwenden), Melisse (etwas), Spitzwegerich (nicht zu viel, außer der Hund hat Husten).

HUNDEKEKSE UND LECKERLIS

Hundekekse mit Fleischanteil sollten möglichst kalt, aber trocken gelagert werden (dichte Dose oder Gefrierbeutel). Verbrauchen Sie sie innerhalb von 5 Tagen. Am besten gleich nach dem Auskühlen die Hälfte einfrieren. Aufgetaut zimmerwarm füttern.

Schöner sehen die Kekse natürlich aus, wenn man sie mit einer hübschen Form aussticht (besonders geeignet als Mitbringsel). Dem Hund selbst ist es sicherlich egal, welche Form seine Kekse haben, Hauptsache, viele ...

Am schnellsten ist folgende Methode: den Teig wie Pizzateig auf einem Bogen Backpapier ausrollen, mit einem Teigroller oder der Rückseite eines Tafelmessers in Stücke teilen und backen. Die Kekse kann man dann nach dem Backen herunterbrechen, fertig!

Beim Zubereiten von Keksen mit Leber ist es wichtig, den Mixtopf sofort auszuspülen, denn der Teig klebt wirklich schrecklich. Bitte beachten Sie die Tipps für den Umgang mit dem Thermomix® (Seite 7) und fügen Sie etwas Essigessenz beim Spülen hinzu.

Wer Eiklar übrig hat, kann die Kekse vor dem Backen damit einpinseln, das mögen unsere Hunde besonders gerne.

Die Kekse in der Restwärme vom Backofen nachtrocknen lassen, um restliche Feuchte zu entziehen, so halten sie sich besser.

Buchweizenmehl haben wir aus geschältem(!) Buchweizen selbst gemahlen: **15 Sek./Stufe 10/ mit MB**, fertig!

Leberherzchen

Für 850 g Kekse
Vorbereitungszeit 25 Min.
Backzeit 30 Min.

400 g Rinderleber
500 g Dinkelvollkornmehl
2 Eigelb
50 g Kokosöl

1. Leber waschen, etwas mit Küchenpapier abtupfen und im Mixtopf **10 Sek./ Stufe 10/mit MB** pürieren.
2. Mehl, Eigelb und Kokosöl zugeben und **4 Min./Teigstufe/mit MB** kneten, bis ein glatter Teig entsteht (ggf. etwas Mehl oder ein paar Tropfen Wasser zugeben).
3. Backofen auf 180 °C Umluft vorheizen.
4. Teig auf einer bemehlten Arbeitsfläche ½ cm dick ausrollen und mit einer Herzform oder nach Belieben ausstechen. Kekse auf ein (oder mehrere) mit Backpapier ausgelegtes Backblech setzen. Im Backofen auf der mittleren Schiene etwa 30 Minuten lang kross backen. Nach dem Backen des letzten Blechs alle Kekse zusammen auf ein Blech geben und in der Restwärme nachtrocknen lassen.
5. Im Kühlschrank in einem luftdicht verschlossenen Gefrierbeutel lagern, innerhalb von 4 Tagen verbrauchen bzw. nicht benötigte Kekse einfrieren.

Schinkenleckerlis

Für 400 g Leckerlis
Vorbereitungszeit 10 Min.
Backzeit 35 Min.

- 50 g gekochter Hinterschinken, evtl. von Pute oder Hähnchen (salzarm)
- 250 g Magerquark
- 80 g Dinkelmehl
- 50 g Haferflocken
- 30 g Sonnenblumenöl

1. Backofen vorheizen auf 180 °C Umluft.
2. Schinken würfeln. Mit den restlichen Zutaten in den Mixtopf geben und **4 Min./Teigstufe/mit MB** kneten. Teig auf einem Bogen Backpapier 1 cm dick ausrollen, auf ein Blech legen und im Backofen auf der mittleren Schiene 15 Minuten lang backen, dann Hitze auf 120 °C reduzieren und weitere 20 Minuten backen.

3. Teig ausgekühlt in hundgerechte Stücke schneiden. Kühl und trocken aufbewahren, innerhalb von wenigen Tagen aufbrauchen bzw. einen Teil einfrieren.

Knusperdoggies

Für 350 g Kekse
Vorbereitungszeit 25 Min.
Backzeit 25–30 Min.

- 50 g Emmentaler
- 300 g Buchweizenmehl (aus geschältem Buchweizen)
- 200 g Frischkäse (fettreduziert)
- 30 g Kokosöl
- 20 g Sonnenblumenöl

1. Backofen auf 180 °C Umluft vorheizen.
2. Emmentaler würfeln und im Mixtopf **5 Sek./Stufe 10/mit MB** hacken. Restliche Zutaten zugeben und **4 Min./Teigstufe/mit MB** unter Zuhilfenahme des Spatels kneten.

3. Teig auf einem Bogen Backpapier ½ cm dick ausrollen, mit einer Form Kekse ausstechen. Diese auf ein mit Backpapier belegtes Blech setzen und im Backofen auf der mittleren Schiene 25–30 Minuten lang backen. Am besten dabeibleiben, denn sie werden schnell dunkel!
4. Kekse auskühlen lassen, kühl und trocken aufbewahren, innerhalb von 1 Woche aufbrauchen bzw. einen Teil einfrieren.

Leberkekse

Für 700 g Kekse
Vorbereitungszeit 15 Min.
Backzeit 30 Min.

400 g Geflügelleber
100 g Haferkleie
100 g Buchweizenmehl (aus geschältem Buchweizen)
100 g Haferflocken
100 g Dinkelvollkornmehl
50 g Kokosöl

1. Backofen vorheizen auf 180 °C Umluft.
2. Die Leber mit kaltem Wasser abspülen und mit einem Küchentuch trockentupfen. Im Mixtopf **10 Sek./Stufe 10/mit MB** pürieren.
3. Restliche Zutaten zuwiegen und alles **4 Min./Teigstufe/mit MB** kneten, bis ein glatter Teig entsteht (ggf. etwas Mehl oder ein paar Tropfen Wasser zugeben).
4. Teig auf einer bemehlten Arbeitsfläche zu einer Rolle kneten und ½ cm dicke Scheiben abschneiden oder Brezeln, Kugeln etc. formen. Kekse auf ein (oder mehrere) mit Backpapier ausgelegtes Backblech setzen und im Backofen auf der mittleren Schiene etwa 30 Minuten lang kross backen.

5. Nach dem Backen des letzten Blechs alle Kekse zusammen auf ein Blech geben und in der Restwärme trocknen lassen.
6. Kekse im Kühlschrank in einem luftdicht verschlossenen Gefrierbeutel lagern, innerhalb von 4 Tagen verbrauchen bzw. nicht benötigte Stücke einfrieren.

Tofu-Belohnungscracker mit Hirse

Für 500 g Kekse
Vorbereitungszeit 15 Min.
Backzeit 30 Min.

- 250 g Hirse
- 2 Eier
- 400 g Tofu
- 40 g Kokosöl
- 200 g Dinkelvollkornmehl
- 100 g Wasser

1. Backofen auf 180 °C Umluft vorheizen.
2. Hirse im Mixtopf **10 Sek./Stufe 10/mit MB** mahlen. Eier mit heißem Wasser gründlich abwaschen, zur Hirse geben und alles (mit den Schalen) **20 Sek./Stufe 10/mit MB** mixen.
3. Tofu in Stücken sowie restliche Zutaten zugeben und **10 Sek./Stufe 5/mit MB** mixen, dann **4 Min./Teigstufe/ohne MB** kneten.
4. Teig auf einer bemehlten Arbeitsfläche zu einer ½ cm dicken Rolle formen und jeweils 1–2 cm dicke Stücke abschneiden. Kekse auf ein mit Backpapier ausgelegtes Backblech setzen und im Backofen auf der mittleren Schiene etwa 30 Minuten lang kross backen.
5. Kekse im Kühlschrank in einem luftdicht verschlossenen Gefrierbeutel lagern, innerhalb von 10 Tagen verbrauchen bzw. nicht benötigte Stücke einfrieren.

Käse-Haferflocken-Kugeln

Für 500 g Kekse
Vorbereitungszeit 25 Min.
Backzeit 30 Min.

50 g Hartkäse (salzarm)
50 g Haselnüsse
160 g Karotten
2 Eier
50 g Weizengrieß
50 g Haferflocken
200 g Vollkornmehl
20 g Pflanzenöl

1. Backofen auf 180 °C Umluft vorheizen.
2. Käse in Stücken und Haselnüsse in den Mixtopf geben und **10 Sek./Stufe 10/mit MB** hacken. Mit dem Spatel nach unten schieben.
3. Karotten waschen, putzen, schälen (nicht bei Bioware), vierteln und zugeben.
4. 1 Ei mit heißem Wasser gründlich abspülen und ganz in den Mixtopf geben, das andere ohne die Schale. Alles **20 Sek./Stufe 10/mit MB** hacken.
5. Restliche Zutaten zugeben und **4 Min./Teigknetstufe/mit MB** kneten.
6. Ein Backblech mit Backpapier belegen. Aus dem Teig kleine Kugeln mit 2–3 cm Durchmesser formen, auf das Blech setzen.
7. Kugeln im Backofen auf der mittleren Schiene 30 Minuten lang goldgelb backen.
8. Im Kühlschrank in einem luftdicht verschlossenen Gefrierbeutel lagern, innerhalb von 10 Tagen verbrauchen bzw. nicht benötigte Stücke einfrieren.

SONDERFÄLLE

Bei den folgenden Hunden sind die Ernährungsbedürfnisse Sonderbedingungen ausgesetzt.

Die trächtige und säugende Hündin

Die optimale Versorgung während der Trächtigkeit und Laktation (Säugezeit) verhilft den Welpen zu einem guten Start ins Leben. Doch auch vor dem Decken sollte die geplante Mama weder über- noch untergewichtig sein! Hochwertiges, aber leicht verdauliches Futter ist während dieser Phasen besonders wichtig.

Sofern es der Hündin gut geht, sie munter und fit ist, kann das bisherige Futter bis zum Ende der 4. Trächtigkeitswoche beibehalten werden.

Ab der 5. Woche (bei kleinen Rassen evtl. schon ab der 3.) benötigt sie etwas mehr Fett (mehrfach ungesättigte Omega-3-Fettsäuren) und vor allem mehr Eiweiß (Fleisch, Eier, Milchprodukte), denn nun wachsen die Welpen besonders schnell. Nur einfach mehr zu geben, genügt jetzt nicht, passen Sie das Futter bitte an. Je nachdem, wie viele Welpen sie trägt, kann der Futterbedarf um bis zu 30 Prozent ansteigen. Eine Gewichtszunahme bis zu einem Viertel ihres vorherigen Gewichtes bis zur Geburt ist normal, sollte aber nicht in Übergewicht ausarten, denn das ist bei der Geburt nicht zuträglich und kann zu Komplikationen führen.

Das Eiweiß sollte vor allem aus tierischen Quellen stammen, eine rein pflanzliche Ernährung ist jetzt nicht angeraten und würde sich negativ auf die Entwicklung der Föten auswirken. Dazu sind hochwertige Vitamine aus gutem Gemüse und Früchten wichtig. Der Calcium- und Phosphorbedarf steigt auf etwa das Doppelte an. Jod, Selen, Eisen (vor allem gegen Ende der Trächtigkeit) sowie die Vitamine A, D, E und Folsäure (B9) spielen nun eine große Rolle. Dennoch können Überversorgungen auch jetzt Mutter und Welpen schaden (vgl. Meyer/Zentek: Ernährung des Hundes. 6. Auflage 2010, Enke Verlag).

Lassen Sie sich von Ihrem Tierarzt beraten, wenn Sie die wichtige Untersuchung vor dem Decken machen. Im Fachhandel erhältlich sind spezielle Vitaminpräparate (auch als Paste).

Während der Säugezeit verliert die Hündin schnell an Gewicht, mehr als 5 bis 10 Prozent sollten es aber nicht sein. Magert sie ab, bedeutet das, dass sie selbst, und damit auch die Welpen, unterversorgt wird. Während dieser Wochen muss sie bis zum Dreifachen der sonst üblichen Futtermenge bekommen.

Besonders gut sind jetzt folgende Früchte und Gemüse:

- Brombeeren
- Kiwi
- Kokosnuss (2 x pro Woche)
- Rote Paprika (nach der Trächtigkeit, 2 x pro Woche; Haut evtl. abziehen, wenn die Hündin eine empfindliche Verdauung hat)
- Mango (nach der Trächtigkeit)
- Melone (nach der Trächtigkeit)
- Papaya
- Süßkartoffeln (3–4 x pro Woche)
- Topinambur

Auf Ananas bitte verzichten. Eine abortfördernde Wirkung ist zwar noch nicht nachgewiesen, wäre aber möglich.

Während der Trächtigkeit und Laktation kommt es besonders auf den Nährstoffgehalt des Futters an, daher sollten die Mahlzeiten frisch zubereitet werden. Eingemachtes aus dem Glas ist nicht zu empfehlen.

Welpen (ab 10 Wochen) und Junghunde

Der junge Hund hat einen sehr hohen Energiebedarf, fast den doppelten eines ausgewachsenen Tieres, denn er ist natürlich einerseits sehr aktiv, andererseits noch im Wachstum. Ab etwa 10 bis 12 Wochen, dann also, wenn er bei seiner neuen Familie einzieht, sinkt der Bedarf wieder etwas ab, ist aber immer noch hoch. Er sollte jetzt sehr hochwertiges Fleisch bekommen, aber nicht zu viel, damit er auch nicht überversorgt wird (siehe Calcium und Phosphor Seite 23/24).

Am besten nicht mehr als die drei Fleischsorten Rind, Huhn und Lamm abwechselnd geben (nicht mehr als 60 Prozent im Futter), um seinen Verdauungsapparat nicht zu überfordern, gleichzeitig aber sein Geschmacksempfinden (und damit die spätere Akzeptanz anderer Futtersorten) zu formen.

Wir geben täglich etwas Eierschalenpulver (oder Algenkalk) zu – auf 100 g Futter etwas unter 1 g – sowie pflanzliches Öl, vier- bis fünfmal pro Woche einige Körnchen Blütenpollen, gutes Steinsalz (einmal pro Woche) und Seealgen, Gemüse (täglich, ca. 25 Prozent), Früchte (5 Prozent), wenig glutenfreies Getreide (maximal 5 Prozent), eventuell etwas Magerjoghurt oder Frischkäse, zwei- bis dreimal wöchentlich Bierhefe sowie Kieselgur (= Kieselerde, 1 g auf 100 g Futter).

Blütenpollen und Seealgen versorgen zusätzlich mit natürlichen Vitaminen, Mineralstoffen, Spurenelementen, Enzymen, essenziellen Aminosäuren und ungesättigten Fettsäuren und fördern eine gute Verdauung und ein schönes Fell.

Graue Schnauzen: Hundesenioren

Je nach Rasse wird Ihr Hund mit etwa sechs Jahren (Riesenrassen), sieben bis acht Jahren (große und mittlere Rassen) oder neun bis zehn Jahren (kleine Rassen) zum sogenannten Senior. Er baut nun langsam ab, man erkennt es daran, dass er eigenwilliger bis eigensinnig wird, schlechter hört, sich gemütlicher bewegt, sich weniger über Dinge oder Leute aufregt als früher und nicht mehr so begeistert vom Spazierengehen ist. Oft lässt auch der Appetit etwas nach, er schläft viel mehr als früher.

Wie bei uns Menschen verändert sich der Stoffwechsel mit zunehmendem Alter, es werden weniger Kalorien verbraucht und die Ernährung sollte dementsprechend angepasst werden.

Damit graue Schnauzen, wie wir sie liebevoll bezeichnen, nicht ungesunde und lebensverkürzende Speckrollen ansetzen, werden wir ihnen jetzt nicht den Fressnapf halbieren, sondern den Inhalt ändern. Sie bekommen etwas weniger Fett, dafür leicht verdauliches Eiweiß (mehr Hühnchenfleisch, Pute, Fisch, weniger dunkles Fleisch wie Rind, Gans und Wild) und mehr die Darmgesundheit fördernde Ballaststoffe (z. B. in Form von Weizenkleie, Kartoffeln, Karotten, glutenfreiem Getreide), die sie länger satt machen. Leckerlis werden nur noch reduziert gegeben und von der Gesamtmahlzeit abgezogen. Achten Sie auf ausreichende Flüssigkeitsaufnahme, denn auch beim Hund gibt es viele Senioren, die zu wenig trinken. Manchmal kann man mit (stark) verdünnter (selbst gekochter und ungesalzener) Fleischbrühe das Trinkbedürfnis steigern.

Kausnacks wie Ochsenziemer, Schweineohren, Pansen oder Rinderhautkauknochen sind für den alten Hund ungeeignet, da sie viel Bindegewebe enthalten, das schwer verdaulich ist. Bitte weichen Sie daher auf andere Produkte zur Zahnpflege aus (Fachhandel).

Da das Immunsystem im Alter etwas nachlässt, sollte es bewusst unterstützt werden, zum Beispiel durch mehr B-Vitamine, Antioxidantien und Zink als früher. Knochenabbau kann man durch die Gabe von Knorpelbaustoffen (Glykosamin) entgegenwirken und bei bereits vorliegender, schmerzhafter Arthrose Nahrungsergänzung zufüttern (siehe Seite 84).

Leidet Ihr alter Hund eher unter Appetitlosigkeit oder trinkt übermäßig viel, sollten Sie einen Check beim Tierarzt vereinbaren, um gesundheitliche Probleme abzuklären und hoffentlich auszuschließen. Die Nieren- und Leberwerte sollten ebenfalls regelmäßig kontrolliert werden.

Dem Senior bekommen jetzt besonders gut die folgenden Früchte und Gemüse:

- Apfel
- Aprikose (ohne Kern)
- Banane (evtl. mit Quark)
- Brombeeren
- Erdbeeren
- Grüne Bohnen (kräftigen das Herz, vitalisieren, entwässern)
- Heidelbeeren
- Johannisbeeren
- Kiwi
- Kokosnuss
- Papaya
- Pastinaken
- Rote Bete
- Sellerie
- Süßkartoffel
- Topinambur
- Zucchini

Zu viel auf den Rippen: der übergewichtige Hund

Dass sich Übergewicht schädlich auf den Körper auswirkt, wissen wir – und das nicht nur beim Hund. Es belastet Gelenke und Kreislauf stärker, das Risiko, an Diabetes zu erkranken, steigt, der Stoffwechsel wird immer träger, auch das Herz kann auf Dauer in Mitleidenschaft gezogen werden. Dass sich die Lebenserwartung des dicken Hundes um bis zu zwei Jahre reduzieren kann, ist den meisten Herrchen und Frauchen nicht bewusst.

Allerdings kann eine simple Reduzierung der bisher üblichen Futterration zu Mangelerscheinungen führen, daher ist es besser, die Ernährung umzustellen und bevorzugt folgendes Futter zu geben:

Gemüse:
(gekocht, Ausnahmen in Klammern)

- Blumenkohl
- Brokkoli
- Gurke (roh, püriert oder in kleinen Stücken)
- Karotte
- Kartoffel (ohne Kochwasser!)
- Kürbis
- Rote Bete
- Salat (roh, püriert oder gehackt)
- Sellerie
- Süßkartoffel
- Topinambur (roh, püriert, in kleinen Stücken oder gekocht)
- Zucchini

Früchte:
(roh, in kleinen Stücken oder püriert)

- Apfel
- Aprikose (ohne Kern)
- Erdbeeren
- Heidelbeeren
- Himbeeren
- Johannisbeeren
- Kokosnuss
- Mango
- Melone
- Papaya (entkernt)

Dazu gibt man in der üblichen Menge eher mageres, leicht verdauliches Fleisch wie Huhn, Pute, Lamm sowie mageren Fisch, Hüttenkäse, Joghurt, Magerquark. Nicht öfters als einmal wöchentlich Getreide, außer der Hund braucht es für seine Verdauung! Wichtig sind natürlich angemessene Portionen, doch satt muss er natürlich schon werden. Wie üblich auch das gute Öl dazu, das gibt die nötigen Fettsäuren und Vitamine. Bierhefe, fall sie regelmäßig gegeben wird, etwas reduzieren, denn sie versorgt zwar mit wertvollen B-Vitaminen, macht aber gleichzeitig auch dick.

Wenn es sein muss, kleine Zwischensnacks in Form von einem Stück Apfel oder ein paar Beeren, einem Stück Gurke ... was Ihr Liebling eben mag. Hundeleckerlis und Hundekekse sind während des Abnehmens strikt verboten!

- Lassen Sie sich Zeit, denn Übergewicht kommt nicht über Nacht – und es geht auch ebenso langsam. Lieber Schritt für Schritt und schonend abnehmen, aber beständig, bis das Wunschgewicht erreicht ist und Ihr Tier wieder fit und munter ist.
- Eine Absprache mit dem Tierarzt sollte erfolgen, wenn es sich um mehr Übergewicht handelt, das heruntermuss, oder der Hund gesundheitliche Probleme hat.
- Einmal pro Woche wiegen! Nur so hat man eine echte Kontrolle, als liebender Tierhalter neigt man dazu, das Gewicht seines Hundes allzu schnell als in Ordnung zu akzeptieren.
- Bei vielen Hunden hilft auch beim späteren Gewichtserhalt ein Fastentag pro Woche. Hunde mit Problemen des Zuckerstoffwechsels, kleine Rassen, junge, trächtige, kranke oder Tiere in der Rekonvaleszenz sind davon ausgenommen.
- Nicht nur die Futtermenge und -qualität bestimmen, ob der Hund eine bessere Figur bekommt: Sorgen Sie auch dafür, dass er sich mehr bewegt! Vielleicht lässt er sich zum Spielen ermuntern oder regen neue Spazierwege seine Neugier an, sodass man sie etwas ausdehnen kann. Von Tag zu Tag oder alle paar Tage ein paar Minuten länger, ein paar Schritte weiter – die ständige Steigerung macht's. So verbraucht er mehr Energie und mit dem Abnehmen klappt's dann auch schneller!

Schmeckt nicht, gibt's nicht? Der mäklige Esser

Ist Ihr Hund ein Mäkler, einer, der sich langsam an den Napf begibt, um mal vorsichtig daran zu schnuppern und dann – nach gründlichem Nachdenken – entscheidet, ob er sich die Ehre gibt oder lieber doch nicht? Mit solchen Tieren hat man es nicht leicht, aber zumindest haben diese selten Probleme mit Übergewicht, immerhin etwas! Doch spätestens wenn ein Hund aufgrund seiner Marotte untergewichtig wird, ist es Zeit zu handeln, denn Wachstum und Immunabwehr leiden darunter.

Den Geschmack Ihres Hundes müssen Sie leider selbst herausfinden, doch mit neuen Zutaten können Sie ihn vielleicht doch einmal schneller und mit etwas mehr Begeisterung zu seinem Napf holen. Am besten, man gibt immer nur einen neuen Bestandteil in kleiner Menge dazu, dann kann er sich daran gewöhnen. Wenn er den aber gar nicht mag, wird er vom Speiseplan gestrichen. Ein wenig nachhelfen kann man allerdings auch: Appetitanregend wirken nämlich Fenchel, Himbeeren, Kokosnuss, Apfel oder Mango, versuchen Sie es!

Manchmal sind auch gesundheitliche Gründe die Ursache für Schwierigkeiten beim Fressen: etwa Zahnschmerzen oder Schluckprobleme (Halsschmerzen oder verringerte Speichelproduktion). Um dies auszuschließen, lassen Sie am besten einen Gesundheitscheck in Ihrer Tierarzt- oder Tierheilpraxis vornehmen.

Wenn Ihr Hund untergewichtig ist und aufgepäppelt werden muss, sollten zumindest die meisten Mahlzeiten frisch zubereitet werden. Eingemachtes aus dem Glas ist eher weniger zu empfehlen.

FUTTER-ERGÄNZUNG

Bierhefe

In Form von Hefeflocken oder in Pellets (Tierfachhandel) wirkt Bierhefe darmregulierend und sanierend. Die enthaltenen B-Vitamine stärken die Nerven und lassen glänzendes, schönes Fell wachsen. Besonders während Fellwechsel, Trächtigkeit, Säugezeit, Rekonvaleszenz und besonderer Beanspruchung regelmäßig, aber in niedriger Dosierung füttern. Gibt man zu viel davon, können Verdauungsstörungen in Form von Blähungen und leichtem Durchfall entstehen.

Bierhefe enthält die Vitamine B1, B2, B5, B7, B12.

Vitalstoff-Cocktail Blütenpollen

Die fleißigen Bienen sammeln die auch für Hunde so wertvollen Blütenpollen. Je nach Sammelort und Blütenvielfalt entsteht da eine möglichst bunte Mischung, reich an Vitaminen, wertvollen Aminosäuren, Mineralien, Spurenelementen, Enzymen, Wachstumsstoffen und antibiotischen Substanzen. Blütenpollen steigern die Immunabwehr und fördern die Rekonvaleszenz nach Krankheiten, können bei Darmbeschwerden helfen und sind in der Trächtigkeit und Säugezeit wertvolle Helfer. Welpen sollte man sie vorsichtshalber allerdings noch nicht verabreichen, erst dem jungen Hund ab etwa sieben Monaten.

Man sollte den Hund langsam daran gewöhnen und gibt erst eine reduzierte Menge, die alle zwei Tage etwas gesteigert wird.

Fütterungsempfehlung: auf 10 kg Körpergewicht des Hundes etwa 1 TL Blütenpollen. Am besten als Kur über mehrere Wochen.

Lecithin

Meist erhältlich als Pulver oder Granulat, ist es für den Fettstoffwechsel, die Fettverdauung und die Zellbildung wichtig. Da es auch diverse B-Vitamine enthält, stärkt Lecithin zugleich die Nerven und hilft der Leber bei der Entgiftung. Lecithinpulver wird aus Sojaöl hergestellt, ist aber auch in rohem Eigelb enthalten.

Fütterungsempfehlung: täglich ½ TL für kleine, 1 TL für mittlere, 1 ½ TL für große Hunde, am besten in zwei Portionen aufgeteilt über das Futter streuen (bei alten Hunden bis zu 50 Prozent mehr).

Knochenmehl und Eierschalenpulver

Calcium (siehe Seite 23) lässt sich gut zufüttern durch:

- Knochenmehl
- Eierschalenpulver

(½ TL entspricht etwa 2,5 g)

Seealgenmehl

Fein vermahlene Seealgen versorgen mit hochwertigen Aminosäuren, natürlichen Vitaminen, Carotinoiden, Mineralstoffen und Spurenelementen. Sie fördern eine gute Verdauung und die Pigmentierung von Fell, Nase, Augen. Man gibt sie täglich in das Futter (½–1 g), wichtig vor allem, wenn man wenig Seefisch füttert oder der Hund Hautprobleme wie schuppige Haut hat. Werden die Seealgen zu Tabletten gepresst, sind Zusatzstoffe enthalten, darum empfiehlt sich die Verwendung von reinem Seealgenmehl.

Liegt eine Schilddrüsenerkrankung vor, die Einnahme mit dem Tierarzt absprechen!

Selbst gemachte Booster zur Nahrungsergänzung

Diese Booster werden im Mixtopf gemahlen. Das hat den Vorteil, dass die Oberfläche verkleinert wird und die Inhaltsstoffe besser aufgenommen werden können. Außerdem lassen sie sich so gut mit dem Futter vermischen. Sollte Ihr Hund dennoch Probleme machen und die Booster nicht essen wollen, mischen Sie die Dosis immer mit etwas Leberwurst oder einer anderen weichen Lieblingsspeise, das hilft!

Die genannte Dosierung reicht von Minis (bis 3 kg) bis zu den Riesen (mit etwa 55 kg). Wenn Sie die erste Ration zubereitet haben und der Hund positiv darauf reagiert, kann man für die großen Rassen auch gerne die doppelte bis dreifache Menge zubereiten.

Die Pulver sollten nicht länger als vier Monate aufbewahrt werden, Reste bitte entsorgen und Pulver bei Bedarf neu anfertigen.

Anti-Allergie-Booster

1 EL Lindenblätter, getrocknet
1 EL Hagebutten, getrocknet
1 EL Salbeiblätter, getrocknet
1 EL Stiefmütterchenkraut, getrocknet

1. Alle Zutaten in den Mixtopf geben und **30 Sek./Stufe 10/mit MB** mahlen. Mit dem Küchenpinsel hinunterstreichen und Vorgang wiederholen. Pulver in ein Schraubglas abfüllen und trocken lagern.
2. Zu jeder Mahlzeit je nach Größe zwischen ½ TL (Minis) und 1 EL (Riesen) unter das Futter mischen. Nach 2 Monaten eine Pause von 3 Wochen einlegen, eventuell wiederholen oder mit dem Immunkraft-Booster abwechselnd geben.

Wird eines der genannten Kräuter nicht vertragen, kann man es auch durch 2 EL getrocknete Rosenblütenblätter ersetzen. Einen Versuch ist es wert …

Arthrose-Booster

Bei Arthrose, Arthritis, Hüftgelenksdysplasie, Schmerzen in den Gelenken

Nr. 1:
1 EL Teufelskralle, getrocknet
2 EL Hagebutten, getrocknet
2 EL Weidenrinde, geschnitten, getrocknet
1 EL Brennnessel, getrocknet
1 EL Kamillenblüten, getrocknet

1. Teufelskralle, Hagebutten und Weidenrinde in den Mixtopf geben und **30 Sek./Stufe 10/mit MB** mahlen. Mit dem Küchenpinsel hinunterstreichen und Vorgang wiederholen. Die restlichen Kräuter zugeben und nochmals mahlen, bis alles fein gepulvert ist. In ein Schraubglas abfüllen und trocken lagern.
2. Zu jeder Mahlzeit je nach Größe zwischen ¼ TL (Minis) und 2 TL (Riesen) unter das Futter mischen. Immer nur 6 Wochen lang geben, dann abwechseln mit Arthrose-Booster Nr. 2.

Hat der Hund sehr starke Schmerzen, kann man auch 3 EL Weidenrinde bzw. Mädesüß (Rezept Nr. 2) verwenden. Beide Booster sorgen für die Ausscheidung von überflüssigen Säuren, also Entgiftung und Entlastung von Leber und Nieren, wirken entzündungshemmend und schmerzlindernd. Heilen können sie Arthrose natürlich nicht, aber sie lindern die Schmerzzustände, unterstützen die Ausheilung von entzündlichen Prozessen und wirken daher positiv bei den genannten Erkrankungen.

Nr. 2:
1 EL Kurkuma, getrocknet[2]
2 EL Hagebutten, getrocknet
1 EL Löwenzahnwurzel, getrocknet
2 EL Mädesüß, getrocknet
1 EL Schwarze Johannisbeere, getrocknet (Blätter)

1. Kurkuma, Hagebutten und Löwenzahnwurzel in den Mixtopf geben **und 30 Sek./Stufe 10/mit MB** mahlen. Mit dem Küchenpinsel hinunterstreichen und Vorgang wiederholen. Die restlichen Kräuter zugeben und nochmals mahlen, bis alles fein gepulvert ist. In ein Schraubglas abfüllen und trocken lagern.

2. Anwendung wie Arthrose-Booster Nr. 1.

2 Wenn nicht getrocknet erhältlich, entweder frisch in dünne Scheiben schneiden und bei 50 °C im Backofen trocknen oder als Pulver in Bioqualität kaufen.

Broncho-fit-Booster

Bei Husten und Bronchialerkrankungen

- 2 TL Süßholzwurzel, getrocknet
- 1 EL Eibischwurzel, getrocknet
- 1 EL Thymian, getrocknet
- 1 EL Fenchelsamen
- 2 EL Spitzwegerich, getrocknet

1. Erst die Wurzeln in den Mixtopf geben und **30 Sek./ Stufe 10/mit MB** mahlen. Mit dem Küchenpinsel hinunterstreichen. Die restlichen Kräuter zugeben und Vorgang wiederholen. Pulver in ein Schraubglas abfüllen und trocken lagern.
2. Zu jeder Mahlzeit je nach Größe zwischen ¼ TL (Minis) und 2 TL (Riesen) unter das Futter mischen. Maximal 4 Wochen lang geben.

Anti-Durchfall-Booster

- 1 EL Brombeerblätter, getrocknet
- 1 EL Kamillenblüten, getrocknet
- 1 TL Pfefferminze, getrocknet
- 1 TL Kümmel
- 1 EL Salbeiblätter, getrocknet
- 1 EL Kapuzinerkresseblätter und -blüten, getrocknet

1. Alle Zutaten in den Mixtopf geben und **30 Sek./ Stufe 10/mit MB** mahlen. Mit dem Küchenpinsel hinunterstreichen und Vorgang wiederholen. Pulver in ein Schraubglas abfüllen und trocken lagern.
2. Zu jeder Mahlzeit je nach Größe zwischen ½ TL (Minis) und 1 EL (Riesen) unter das Futter mischen. Nur so lange füttern, bis der Darm sich beruhigt hat und die Häufchen wieder »schön geformt« sind, längstens aber 1 Woche (nach 3 Tagen sollte man, wenn sich nichts bessert, sowieso zum Tierarzt oder Tierheilpraktiker gehen).

Fett-weg-Booster

Hilft beim Abspecken

- 1 EL Brennnesselkraut, getrocknet
- 1 EL Petersilie, getrocknet
- 1 EL Kerbel, getrocknet
- 1 TL Thymian, getrocknet
- 1 EL Basilikum, getrocknet
- 1 EL Pfefferminze, getrocknet
- 1 EL Birkenblätter, getrocknet

1. Alle Zutaten in den Mixtopf geben und **30 Sek./Stufe 10/mit MB** mahlen. Mit dem Küchenpinsel hinunterstreichen und Vorgang wiederholen. Pulver in ein Schraubglas abfüllen und trocken lagern.
2. Zu jeder Mahlzeit je nach Größe zwischen ½ TL (Minis) und 1 EL (Riesen) unter das Futter mischen. Nach 1 Monat eine Pause von 2 Wochen einlegen, eventuell wiederholen.

Außerdem öfter etwas frische Kresse oder Schnittlauch abwechselnd in das Futter geben, zusätzlich hin und wieder eine Mahlzeit durch einen Smoothie (siehe Seite 69) ersetzen.

Senioren-Booster

Gut für unsere älteren Lieblinge zur Stärkung von Abwehrkraft und Herz

- 1 EL Ingwer, getrocknet
- 1 EL Gingko, getrocknet
- 1 EL Heidelbeerblätter, getrocknet
- 2 EL Lindenblüten und -blätter, getrocknet
- 2 EL Weißdornkraut und -blüten, getrocknet

1. Ingwer in den Mixtopf geben und **30 Sek./Stufe 10/ mit MB** mahlen. Mit dem Küchenpinsel hinunterstreichen und Vorgang wiederholen. Restliche Kräuter zugeben und nochmals mahlen, bis alles fein gepulvert ist. Pulver in ein Schraubglas abfüllen und trocken lagern.
2. Je nach Größe zwischen ¼ TL und 1 TL über einen Zeitraum von 6 Wochen zweimal täglich unter das Futter mischen. Dann eine Pause von 2 Wochen einlegen und gegebenenfalls wiederholen.

Immunkraft-Booster

Stärkt die Abwehr bei kränkelnden Hunden oder Senioren

5 EL Hagebutten, getrocknet
2 EL Ingwer, getrocknet
3 EL Zistrose, getrocknet

1. Hagebutten und Ingwer in den Mixtopf geben und **30 Sek./Stufe 10/ mit MB** mahlen. Mit dem Küchenpinsel hinunterstreichen und Vorgang wiederholen. Zistrosenkraut zugeben und nochmals mahlen, bis alles fein gepulvert ist. Pulver in ein Schraubglas abfüllen und trocken lagern.
2. Je nach Größe zwischen ½ TL und 1 EL über einen Zeitraum von 6 Wochen zweimal täglich unter das Futter mischen.

Leber-Verdauungs-Booster

Ergänzend zu einer Leberbehandlung bei diagnostizierten Erkrankungen oder bei öfter auftretenden Verdauungsproblemen

1 EL Kurkuma, getrocknet
2 EL Artischockenkraut, getrocknet
1 EL Löwenzahnblätter, getrocknet
2 EL Mariendistelkraut, getrocknet

1. Kurkuma im Mixtopf **30 Sek./Stufe 10/ mit MB** mahlen. Mit dem Küchenpinsel hinunterstreichen und Vorgang wiederholen. Restliche Kräuter zugeben und nochmals mahlen, bis alles fein gepulvert ist. Pulver in ein Schraubglas abfüllen und trocken lagern.
2. Je nach Größe zwischen ¼ TL und 1 TL über einen Zeitraum von 6 Wochen zweimal täglich unter das Futter mischen. Dann eine Pause von 2 Wochen einlegen und eventuell wiederholen.

ERNÄHRUNG BEI GESUNDHEITS-PROBLEMEN

Bei leichteren Formen der im Folgenden aufgeführten Krankheiten bzw. nach vorheriger Abklärung und Absprache mit dem Tierarzt kann man nachstehende Naturheilmittel oder Kräuter zufüttern. Die Angaben beruhen rein auf Erfahrungswerten und stellen keine Behandlungsempfehlungen dar.

Allergien und Nahrungsmittel-unverträglichkeiten

Zeigt der Körper Ihres Hundes deutliche Abwehrreaktionen gegen bestimmte Nahrung, die normalerweise ungefährlich ist, so spricht man von einer Allergie, von denjenigen Stoffen selbst als Allergenen. Es ist das Immunsystem, das überreagiert, weil es diesen Fremdstoff als Gefahr einstuft, die abgewehrt werden muss. Dabei kann eine Entzündung entstehen. Bei immer wiederkehrendem Kontakt werden diese Reaktionen extremer und können sogar zum Tod führen (Allergieschock).

Wer weiß, woauf sein Hund allergisch ist, kann dies bei der Futterwahl ausschließen. Manchmal hilft dazu ein Allergietest. Die zusätzliche Gabe von Vitamin C ist meist förderlich für die Immunabwehr.

Gleichzeitig mit einer »Behandlung« von Allergien sollte unbedingt eine Entgiftung von Leber und Nieren erfolgen, zum Beispiel durch etwas Mariendistelöl oder Spezialmischungen (siehe Anti-Allergie Booster Seite 86 oder Leber-Verdauungs-Booster Seite 92).

Gemüse und Früchte, die seltener Allergien auslösen, sind: Blumenkohl, Gurke, Karotte, Kürbis, Paprika, Sellerie, Zucchini, Beeren, Kiwi, Kokosnuss, Orange, Papaya.

Kräuter, die sich günstig auswirken können, sind Brennnessel, Käsepappel (Wilde Malve), Löwenzahn und Kamille (Achtung bei Kreuzallergien!).

Täglich einige Tropfen Schwarzkümmelöl oder Borretschöl unter das Futter gemischt, haben sich ebenfalls gut bewährt.

Allgemeine Abgeschlagenheit

- Täglich ein paar Körnchen Blütenpollen zum Futter geben
- Leichten Lavendeltee (1 TL auf 200 ml Wasser) zum Trinken anbieten
- Melissen- oder Kamillentee (1 EL auf 200 ml Wasser) zum Trinken anbieten
- Vitamin C zufüttern

Entgiftung

Eine Leber- und Nierenentgiftung ist nicht nur für den Aufbau des Immunsystems des kranken Hundes günstig, sondern auch bei vorliegenden Allergien, Unverträglichkeiten, nach Stress, Impfungen oder einfach zur Gesunderhaltung im Frühjahr oder Herbst.

- 1 TL bis 1 EL Aloe vera zum Futter geben, als Kur über 6 Wochen
- Brennnesselblätter als Tee (1 TL auf 150 ml Wasser) oder Pulver (¼–½ TL zum Futter geben)
- Leber-Verdauungs-Booster (siehe Seite 92)

Durchfall

- Getrocknete Heidelbeeren
- Gekochter weißer (Ausnahmefall!) Reis mit gedämpften Karotten und Hühnchen- oder Lammfleisch
- Magerquark füttern (in kleinen Mengen)
- Gekochte Kartoffeln oder Kartoffelbrei (ohne Milch oder Butter), evtl. mit etwas Quark gemischt
- 1 EL naturtrüben Apfelessig in das Trinkwasser mischen und kontrollieren, ob der Hund das trinkt
- Viel Trinken ist wichtig; eventuell etwas nur ganz leicht gesalzene Gemüsebrühe oder Hühnerbrühe in das Trinkwasser geben (alle paar Stunden wechseln wegen der Keime)
- Anti-Durchfall-Booster (siehe Seite 89)
- Falls der Durchfall sehr stark ist oder länger als 2 Tage anhält, zum Tierarzt gehen (bei Welpen sofort) – Dehydrierung kann auftreten und ist sehr gefährlich (besonders an heißen Tagen)

Fellwechsel

- Täglich ein paar Körnchen Blütenpollen zum Futter geben
- Zwei- bis dreimal wöchentlich ½–1 TL (bei großen Hunden) Bierhefe über das Futter streuen

Nieren- und Blasenprobleme (wiederkehrend)

- Getrocknete Preiselbeeren oder Cranberries (ungezuckert, ungeschwefelt) regelmäßig zum Futter geben oder als Leckerchen zwischendurch
- Öfter eine Teekur zum Durchspülen der Harnwege machen: Brennnessel, Birkenblätter, Schafgarbe und Salbei zu gleichen Teilen mischen, davon 1 TL in 150 ml kochendes Wasser geben, 10 Minuten ziehen lassen und zum Futter mischen oder in den Trinknapf füllen
- Kontrolle beim Tierarzt unerlässlich; Blasenentzündungen müssen tierärztlich begleitet werden (Gefahr von Nierenentzündung)

Würmer im Darm

- Täglich zwischen ½ TL und 1 EL Kokosöl zufüttern
- Pürierte Gurken zufüttern (nicht bei gleichzeitigem Durchfall), am besten Biogurken mit Schale verwenden
- Zu jeder Mahlzeit bzw. mindestens zweimal täglich 1 TL bis 1 EL pürierte Ananas zugeben
- Frische Heidelbeeren zerdrücken und zu den Mahlzeiten unter das Futter mischen
- Kotkontrolle, Tierarztbesuch!

Bildnachweis

S. 20, 34, 37, 39, 40, 43, 44, 45, 47, 48, 49, 50, 52, 54, 56, 58, 59, 61, 65, 69, 72, 73, 74, 75, 76: © Charly Till; S. 6: Christian Mueller/shutterstock.com; S. 8: Chalabala/ istockphoto.com; S. 10: damedeeso/istockphoto.com; S. 11: nordseegold/istockphoto.com; S. 13: Eric Isselee/shutterstock.com; S. 14: Pavlo_K/istockphoto.com; S. 15: letterberry/istockphoto.com; S. 16: Emin Ozkan/shutterstock.com; Martina_L/shutterstock.com; S. 19: Agnes Kantaruk/shutterstock.com; S. 21: VeselovaElena/istockphoto.com; Wanwisa Pimsoda/shutterstock.com; S. 22: kireewongfoto/istockphoto.com; sevenke/shutterstock.com; S. 25: Brazhynykov Adriy/shutterstock.com; S. 33: AVAVA/istockphoto.com; S. 38: Jodie Johnson/shutterstock.com; S. 39: cynoclub/shutterstock.com; S. 51: PK-Photos/istockphoto.com; S. 57: PK-Photos/istockphoto.com; S. 62: Eerik/istockphoto.com; S. 63: PK-Photos/istockphoto.com; damedeeso/istockphoto.com; DinsmorePhoto/stockphoto.com; S. 64: WilleeCole/istockphoto.com; S. 70: Roman Debree/shutterstock.com; Marina Onokhina/shutetrstock.com; S. 71: Maximilian100/istockphoto.com; S. 77: The Len/shutterstock.com; S. 78: thka/shutterstock.com; S. 79: delusi/istockphoto.com; everydoghasastory/shutterstock.com; S. 80: Christian Mueller/shutterstock.com; S. 81: Dora Zett/shutterstock.com; S. 84: OlgaOvcharenko/shuttersrock.com; Cherries/shutterstock.com; Akvals/shutterstock.com; S. 85: Deemark Familiy/ shutterstock.com; S. 86: beta7/shutterstock.com; Kseniia Kolesnikova/shutterstock.com; S. 87: HandmadePictures/shutterstock.com; S. 88: Manfred Ruckszio/shutterstock.com; mummyz/shutterstock.com; S. 89: Vilor/shutterstock.com; malamooshi/shutterstock.com; S. 90: Manfred Ruckszio/shutterstock.com; ArchieYa/shutterstock.com; S. 91: Lyu Hu/shutterstock.com; JCM Photos/shutterstock.com; S. 92: AlessandroZocc/shutterstock.com; domnitsky/shutterstock.com; S. 93: malamooshi/shutterstock.com; malamooshi/shutterstock.com; S. 94: Javier Brosch/shutterstock.com